南沙群岛珊瑚图鉴

Guide to Corals of Nansha Islands

南海环境监测中心

方宏达　时小军　主编

中国海洋大学出版社

·青岛·

图书在版编目（CIP）数据

南沙群岛珊瑚图鉴 / 方宏达，时小军主编. — 青岛：中国海洋大学出版社，2019.7
ISBN 978-7-5670-2346-8

Ⅰ. ①南… Ⅱ. ①方… ②时… Ⅲ. ①南沙群岛—珊瑚虫纲—图解 Ⅳ. ①Q959.133-64

中国版本图书馆CIP数据核字(2019)第206014号

出版发行 中国海洋大学出版社
社　　址 青岛市香港东路23号　　邮政编码 266071
出 版 人 杨立敏
网　　址 http://pub.ouc.edu.cn
电子信箱 465407097@qq.com
订购电话 0532-82032573（传真）
责任编辑 董　超　徐永成
电　　话 0532-85902342
印　　制 青岛国彩印刷股份有限公司
版　　次 2019年9月第1版
印　　次 2019年9月第1次印刷
成品尺寸 185 mm × 260 mm
印　　张 13.25
印　　数 1—3000
字　　数 305千
定　　价 268.00元

发现印装质量问题，请致电0532-58700168，由印刷厂负责调换。

编 委 会

序

preface

珊瑚礁生态系统集生态资源、环境调节、海岸保护、国土安全、科学研究和休闲娱乐于一体，是非常重要的海洋生态系统。珊瑚礁星罗棋布于整个南海，是我国南海最重要的生态特征。南海诸岛（南沙群岛、中沙群岛、西沙群岛、东沙群岛）基本上都是由珊瑚礁组成，海南岛、涠洲岛、华南大陆沿海及台湾岛沿海也广泛分布着珊瑚礁。

从珊瑚礁的分布面积来看，我国是珊瑚礁大国，但我们对南海珊瑚礁的很多基本信息的认识却相当薄弱，比如关于南海究竟有多少种珊瑚这个问题，我们的回答常常是基于30多年前的文献。造成这种现象的原因，主要是我国从事珊瑚礁研究的人员太少、对珊瑚礁科学研究的重视程度不高。关于南海珊瑚礁的许多基本信息确实需要更新，一方面，珊瑚礁生态系统本身在全球气候变化和人类活动的影响下在快速变化，珊瑚一些属的物种组成不可避免地也在发生变动；另一方面，随着潜水装备和技术、水下照相和录像技术、珊瑚属及种的识别技术的大大加强和获取的参考资料更加广泛，现今对珊瑚属及种的识别也更加准确、更加系统。

如今，我国迫切需要了解目前南海珊瑚种类组成情况，《南沙群岛珊瑚图鉴》一书正是在这方面的尝试。南沙群岛珊瑚礁是我国南海分布面积最大的珊瑚礁区，本书作者所在单位自然资源部南海环境监测中心的研究人员连续多年对南沙群岛珊瑚礁进行了生态调查与监测，在水下拍摄了大量造礁石珊瑚的照片，并采集了部分珊瑚骨骼标本。本书作者结合照片和骨骼标本对南沙群岛造礁石珊瑚进行了鉴定，识别出了 14 科 170 余种，并从形态特征、生态分布等方面对这些珊瑚进行了描述。

本书中关于南沙群岛珊瑚礁的第一手信息甚是宝贵，既丰富了我国南沙群岛造礁石珊瑚种类名录，也为我国造礁石珊瑚物种多样性、珊瑚礁生态保护研究提供了重要的科学资料。特别是在南海乃至全球珊瑚礁快速退化的背景下，本书精美的图片和信息介绍展示了南沙群岛珊瑚礁的真实情景，有助于广大民众更好地认识、保护南海珊瑚礁。

余克服

2019 年 7 月

目录 Contents

01 鹿角珊瑚科 Acroporidae

鹿角珊瑚科的珊瑚为群体型种类，珊瑚种类数量最多，是珊瑚最为重要的种群。该科珊瑚体型较小，形态多样，轴柱很少发育或无。常见的珊瑚属有蔷薇珊瑚属 *Montipora*、鹿角珊瑚属 *Acropora*、星孔珊瑚属 *Astreopora* 等。其中，蔷薇珊瑚属的珊瑚形态以叶状或皮壳状为主，鹿角珊瑚属的珊瑚形态以枝状、桌状、伞房状为主，星孔珊瑚属的珊瑚形态以团块状为主。

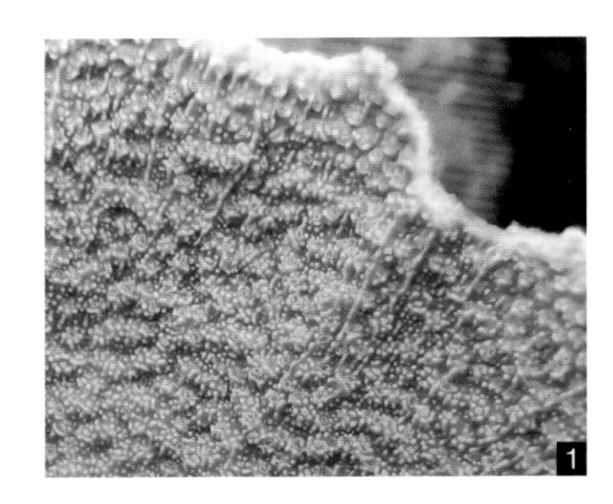

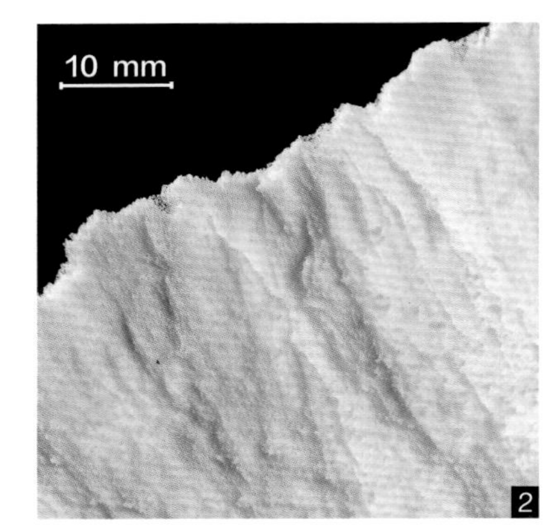

叶状蔷薇珊瑚 *Montipora foliosa*

特征 群体薄叶片状，常呈螺旋状并卷曲形成叶瓣片状。叶瓣上共骨疣状突起多连续形成辐射状的脊，脊之间相互平行，脊与叶瓣边缘垂直。珊瑚杯直径约 0.75 mm，位于脊之间。生活群体常呈奶白色或棕色，叶瓣边缘多呈灰白色。

分布 广泛分布于印度－太平洋珊瑚礁区域，在南沙为少见种，一般生活于珊瑚礁礁坡上段。

相似种 与瘿叶蔷薇珊瑚相似，但该种具有明显的连续的辐射状脊塍。

1. 辐射状脊塍结构
2. 珊瑚骨骼
3. 薄叶片状的珊瑚群体

青灰蔷薇珊瑚 *Montipora grisea*

特征 群体皮壳状。珊瑚杯略突出，杯周围有刺，部分刺愈合成壳，共骨也有刺。生活群体常呈绿色或暗褐色。

分布 广泛分布于印度－太平洋珊瑚礁区域，在南沙为少见种，一般生活于珊瑚礁礁坡上段。

1. 群体表面细微结构
2. 珊瑚骨骼
3. 皮壳状的珊瑚群体

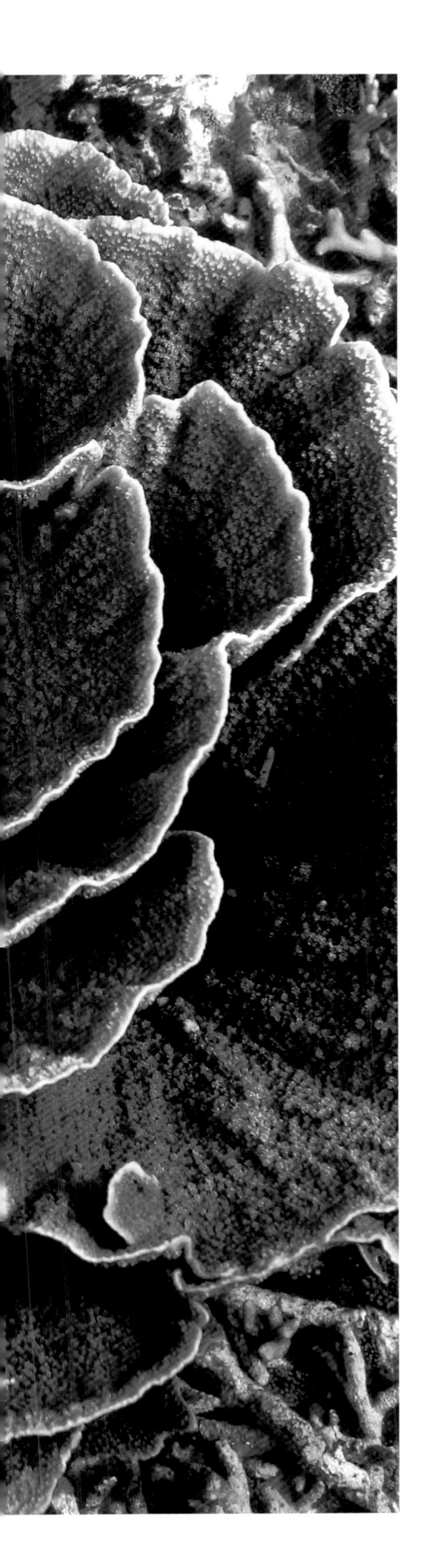

瘿叶蔷薇珊瑚 *Montipora aequituberculata*

特征　群体皮壳状或薄叶片状，常呈螺旋卷曲成叶瓣片状或管状。珊瑚杯内陷或突出，周围有刺，在叶瓣边缘成脊。生活群体常呈棕色、奶白色或紫色。

分布　广泛分布于印度－太平洋珊瑚礁区域，在南沙为少见种，一般生活于珊瑚礁浅水环境。

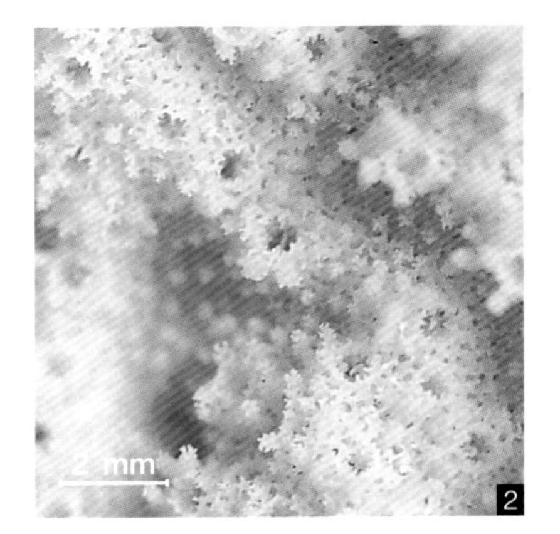

1. 薄叶片状的珊瑚群体

2. 珊瑚骨骼

浅窝蔷薇珊瑚 *Montipora foveolata*

特征 群体团块状，表面呈蜂窝状。珊瑚杯内陷，呈漏斗状。共骨无刺。生活群体常呈灰棕色、蓝色或奶白色。

分布 广泛分布于印度－太平洋珊瑚礁区域，在南沙为少见种，生活于珊瑚礁多种环境。

1. 珊瑚骨骼
2. 团块状的珊瑚群体

翼形蔷薇珊瑚 *Montipora peltiformis*

特征 群体亚团块状或平板状，有或无向上生长的疣状突起。疣状突起处的珊瑚杯突出，周围有不规则小刺，共骨也有小刺。生活群体常呈灰棕色。

分布 广泛分布于印度－太平洋珊瑚礁区域，在南沙为少见种，一般生活于珊瑚礁浅水环境。

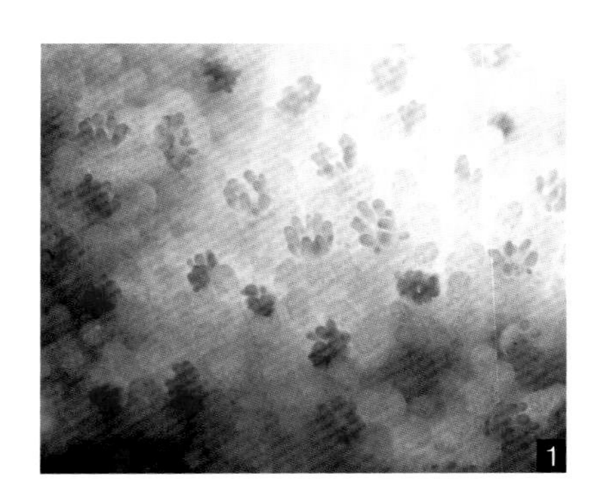

1. 珊瑚细微结构
2. 皮壳状的珊瑚群体

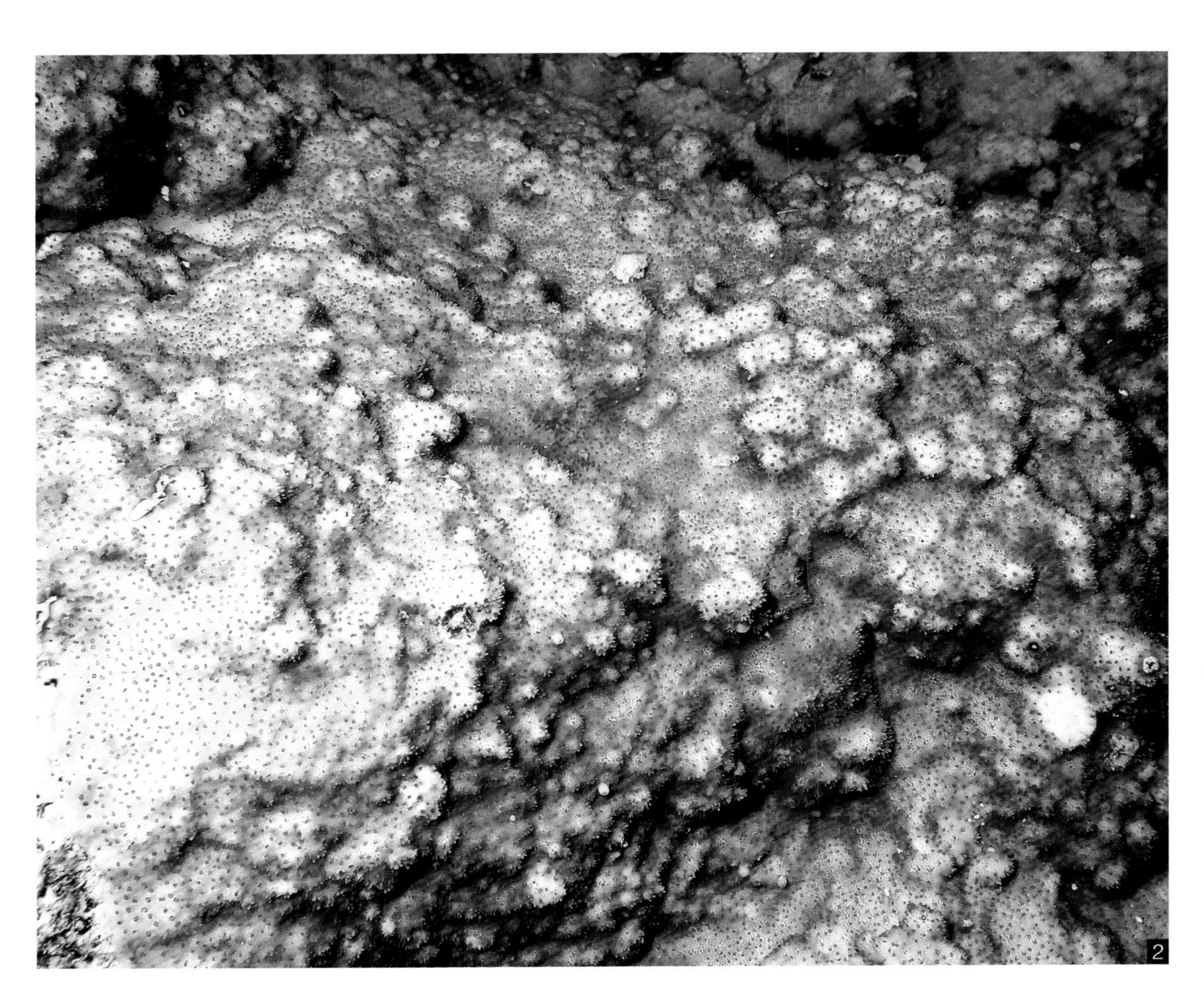

柱节蔷薇珊瑚 *Montipora nodosa*

特征 群体团块状或平板状，疣状突起较多。珊瑚杯内陷，或突出；边缘具刺。生活群体常呈棕色、橙色或紫色。

分布 广泛分布于印度 – 太平洋珊瑚礁区域，在南沙为少见种，一般生活于珊瑚礁浅水环境。

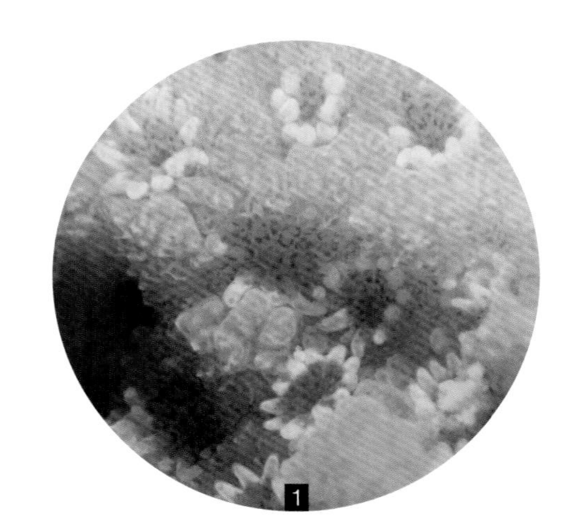

1. 群体表面细微结构
2. 团块状的珊瑚群体

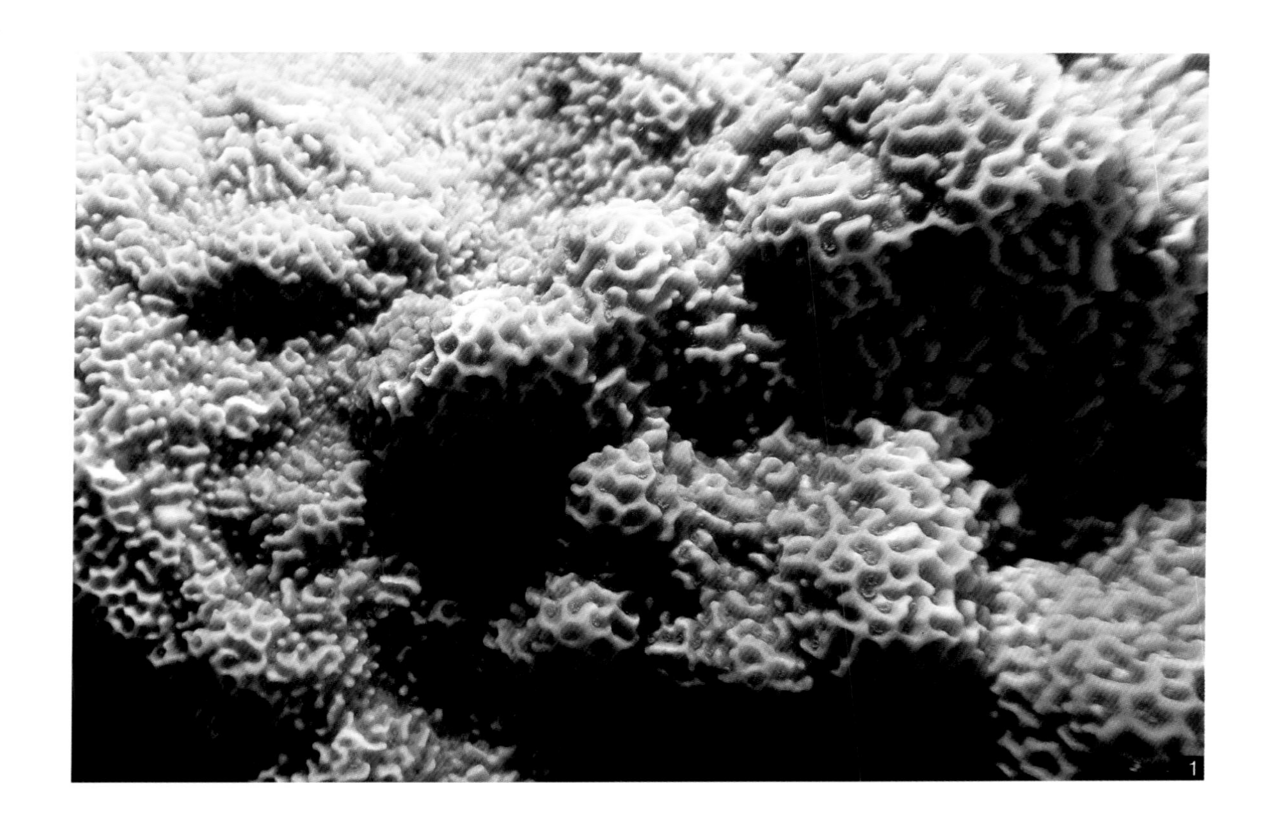

杯形蔷薇珊瑚 *Montipora caliculata*

特征 群体团块状或皮壳状，表面呈蜂窝状。珊瑚杯内陷，四周具起伏的脊塍，多个杯的脊塍可能愈合成弯曲的长脊。生活群体常呈棕色或蓝色。

分布 广泛分布于印度－太平洋珊瑚礁区域，在南沙为少见种，生活于珊瑚礁多种环境。

1. 团块状的珊瑚群体
2. 群体表面细微结构

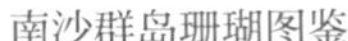

巴拉望蔷薇珊瑚 *Montipora palawanensis*

特征 群体团块状，疣状突起较多，并多不间断连接。珊瑚杯内陷。生活群体常呈棕色、橙色或紫色。

分布 广泛分布于印度－太平洋珊瑚礁区域，在南沙为少见种，一般生活于珊瑚礁礁坡上段。

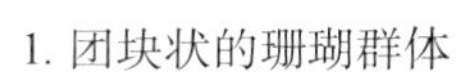

1. 团块状的珊瑚群体
2. 珊瑚细微结构

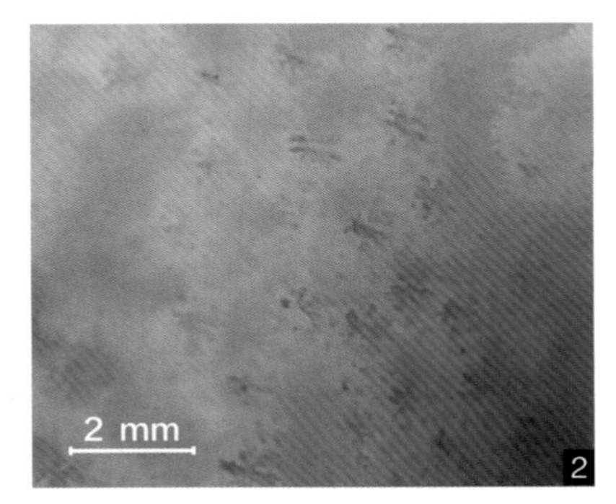

斑星蔷薇珊瑚 *Montipora stellata*

特征 群体灌丛状，基本皮壳状，分枝不规则生长。珊瑚杯内陷，周围有不规则疣状突起。生活群体常呈奶白色、棕色或蓝色，分枝顶端常为白色。

分布 广泛分布于印度－太平洋珊瑚礁区域，在南沙为少见种，一般生活于珊瑚礁浅水环境。

1. 群体表面细微结构
2. 珊瑚骨骼
3. 灌丛状的珊瑚群体

楔形鹿角珊瑚 *Acropora cuneata*

特征 群体皮壳状或楔形分枝。无轴珊瑚杯，或有多个轴珊瑚杯位于分枝顶端。侧珊瑚杯圆滑，不突出。共骨有刺。生活群体常呈灰白色或褐色。

分布 广泛分布于印度－太平洋珊瑚礁区域，在南沙为少见种，生活于各类珊瑚礁环境。

1. 皮壳状珊瑚群体
2. 群体表面细微结构
3. 珊瑚骨骼

栅列鹿角珊瑚 *Acropora palifera*

特征 群体皮壳状、楔形分枝、柱状或板脊状，形态多变是由于生长环境中的海流或波浪的强度不同。轴珊瑚杯无或不明显，侧珊瑚杯多为紧贴形或斜管口形。共骨有刺。生活群体棕色或黄褐色。

分布 广泛分布于印度－太平洋珊瑚礁区域，在南沙为常见种，生活于各类珊瑚礁环境中。

1. 皮壳状的珊瑚群体
2. 珊瑚骨骼
3. 分枝状的珊瑚群体

松枝鹿角珊瑚 *Acropora brueggemanni*

特征 群体树枝状，分枝粗短结实，群体常较大。轴珊瑚杯孔大，内陷，1 个或多个。侧珊瑚杯短管形，排列紧密。共骨布满小刺。生活群体常呈淡黄色或深褐色，轴珊瑚杯常呈灰白色。

分布 广泛分布于印度－太平洋珊瑚礁区域，在南沙为少见种，一般生活于珊瑚礁浅水环境。

1. 树枝状的珊瑚群体
2. 珊瑚细微结构
3. 珊瑚骨骼

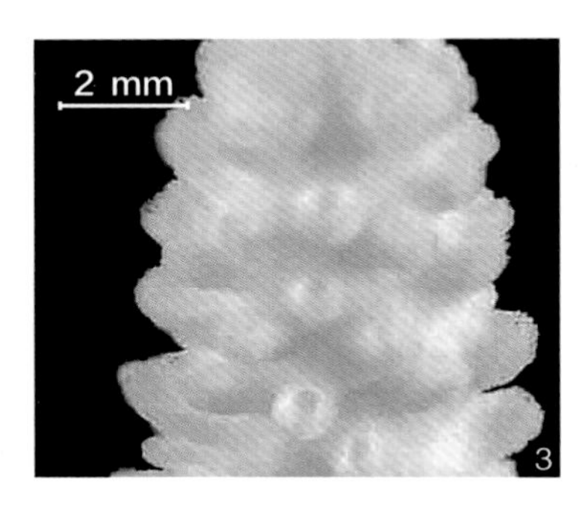

美丽鹿角珊瑚 *Acropora formosa*

特征 群体树枝状，分枝长，间距大，顶端尖细。轴珊瑚杯圆柱状，外径 2 mm；侧珊瑚杯管形或半管形，大小不一，排列无次序。生活群体常呈黄褐色。

分布 广泛分布于印度 - 太平洋珊瑚礁区域，在南沙为少见种，一般生活于珊瑚礁礁坡环境或潟湖环境。

1，4. 树枝状的珊瑚群体
2. 珊瑚细微结构
3. 珊瑚骨骼

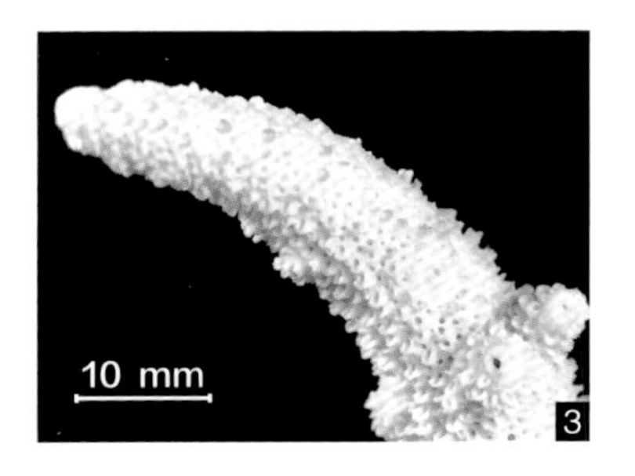

壮实鹿角珊瑚 *Acropora robusta*

特征 群体粗枝状，具表覆状或皮壳状基座；分枝粗，近顶端多有小分枝。轴珊瑚杯圆柱状，突出；侧珊瑚杯长管形，长短不一。生活群体常呈褐色或深绿色。

分布 广泛分布于印度－太平洋珊瑚礁区域，在南沙为少见种，一般生活于珊瑚礁浅水环境。

1. 粗枝状的珊瑚群体
2. 珊瑚细微结构
3. 珊瑚骨骼

丘突鹿角珊瑚 *Acropora abrotanoides*

特征 群体粗枝状，由水平延展的粗大分枝构成，分枝常愈合在一起，近顶端处有较多小分枝。群体外形粗糙，有 1 个或多个轴珊瑚杯，圆柱状，外径 2.0~2.5 mm；侧珊瑚杯长管形或低伏形。生活群体常呈褐色或绿色。

分布 广泛分布于印度 – 太平洋珊瑚礁区域，在南沙为少见种，一般生活于珊瑚礁浅水环境。

1. 长管状的侧珊瑚杯
2. 粗枝状的珊瑚群体

高贵鹿角珊瑚 *Acropora nobilis*

特征　群体树枝状，分枝大多竖直向上，顶端尖细。轴珊瑚杯圆柱状，突出；侧珊瑚杯管形，大小不一，排列无次序。生活群体常呈黄色、绿色或蓝色。

分布　广泛分布于印度－太平洋珊瑚礁区域，在南沙为少见种，生活于珊瑚礁多种环境。

1，3. 分枝状的珊瑚群体
2. 珊瑚细微结构

华伦鹿角珊瑚*Acropora valenciennesi*

特征 群体呈伞房状，分枝大而开放，向上弯曲，顶部竖直。轴珊瑚杯圆柱状，外径2.0~3.5 mm，突出；侧珊瑚杯管形或半管形，大小一致，排列整齐。生活群体常呈棕色、蓝色或绿色。

分布 广泛分布于印度–太平洋珊瑚礁区域，在南沙为少见种，生活于珊瑚礁多种环境。

1，2. 珊瑚杯细微结构
3. 伞房状的珊瑚群体

杜氏鹿角珊瑚 *Acropora donei*

特征 群体桌状，外围分枝多水平，中间分枝多竖直向上。轴珊瑚杯圆柱状，略突出；侧珊瑚杯管状，排列整齐。共骨粗糙。生活群体常呈绿色、奶白色或棕色。

分布 广泛分布于印度－太平洋珊瑚礁区域，在南沙为少见种，一般生活于陡峭的外礁坡上。

1. 桌状的珊瑚群体
2. 管状的侧珊瑚杯

两叉鹿角珊瑚 *Acropora divaricata*

特征 群体桌状，分枝交错分布成网状结构；外围分枝多水平，中间分枝多竖直向上或斜向上，竖直分枝亦有小分枝。轴珊瑚杯圆柱形，突出；侧珊瑚杯圆管形，排列整齐，稀疏。生活群体常呈深棕色、绿棕色，顶枝常呈亮棕色、白色或粉红色。

分布 广泛分布于印度－太平洋珊瑚礁区域，在南沙为少见种，生活于珊瑚礁多种环境。

1. 桌状的珊瑚群体
2. 珊瑚杯细微结构
3. 珊瑚骨骼

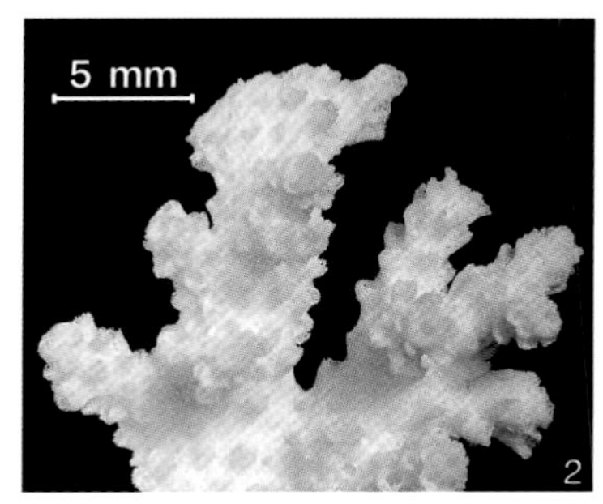

花鹿角珊瑚 *Acropora florida*

特征 群体粗枝状，由粗大的板状分枝构成，分枝上布满了小分枝；水平分枝常愈合在一起，下部常无小分枝。轴珊瑚杯圆柱形，孔小；侧珊瑚杯半管形或斜口管形，大小一致，排列紧密。生活群体常呈棕色或绿色。

分布 广泛分布于印度－太平洋珊瑚礁区域，在南沙为少见种，一般生活于珊瑚礁浅水环境。

1，2. 珊瑚杯细微结构

3. 珊瑚骨骼

4. 板状分枝的珊瑚群体

简单鹿角珊瑚 *Acropora austera*

特征 群体树枝状，分枝较粗，弯曲，不规则。轴珊瑚杯圆柱形，孔小；侧珊瑚杯圆管形，大小不一，较大的杯孔呈方形。生活群体常呈蓝色、棕色或奶白色。

分布 广泛分布于印度－太平洋珊瑚礁区域，在南沙为少见种，一般生活于珊瑚礁礁坡上段。

1，2. 珊瑚杯细微结构

3. 树枝状的珊瑚群体

小叶鹿角珊瑚 *Acropora microphthalma*

特征 群体树枝状，由众多密集的分枝构成，常形成一大族群，分枝较直且细弱。轴珊瑚杯圆柱形，外径 1.8~2.3 mm，突出；侧珊瑚杯斜口管形，个体较小。生活群体常呈灰白色或灰棕色。

分布 广泛分布于印度－太平洋珊瑚礁区域，在南沙为少见种，主要生活于波浪影响不到的礁坡中段区域。

1. 树枝状的珊瑚群体
2. 珊瑚杯细微结构
3. 珊瑚骨骼

狭片鹿角珊瑚 *Acropora yongei*

特征　群体树枝状，常形成一大族群；分枝大多短小，直径小于 1.5 cm。轴珊瑚杯圆柱形，突出；侧珊瑚杯呈唇瓣状或半管形。生活群体常呈奶白色、黄色或灰棕色。

分布　广泛分布于印度－太平洋珊瑚礁区域，在南沙为少见种，一般生活于珊瑚礁浅水环境。

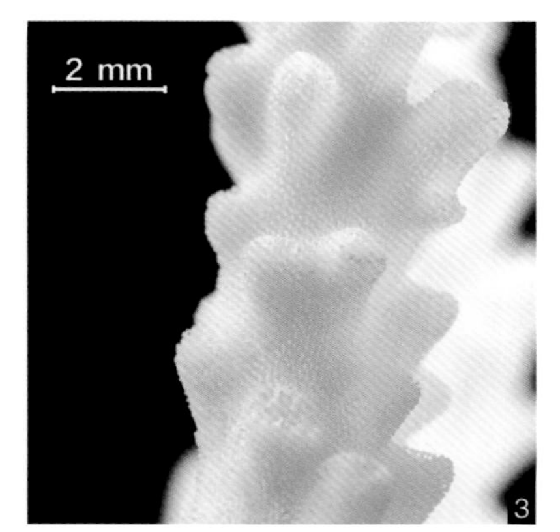

1. 树枝状的珊瑚群体
2. 珊瑚杯细微结构
3. 珊瑚骨骼

条纹鹿角珊瑚 *Acropora striata*

特征 群体灌丛状，常形成一大丛。轴珊瑚杯圆柱形，较小；侧珊瑚杯斜口管形，靠近末枝有减小的趋势。生活群体常呈灰棕色，末枝轴珊瑚杯为白色。

分布 广泛分布于印度－太平洋珊瑚礁区域，在南沙为少见种，一般生活于珊瑚礁浅水环境。

1. 珊瑚杯细微结构
2. 灌丛状的珊瑚群体

浪花鹿角珊瑚 *Acropora cytherea*

特征 群体桌状，水平分枝较长且愈合，竖直分枝较短。轴珊瑚杯圆柱形，突出较多；侧珊瑚杯短管形。生活群体常呈灰白色、棕色或蓝色。

分布 广泛分布于印度－太平洋珊瑚礁区域，在南沙为常见种，常生活于珊瑚礁礁坡上段或潟湖环境。

1. 桌状的珊瑚群体
2. 竖直分枝结构
3. 珊瑚杯细微结构

双叉鹿角珊瑚 *Acropora bifurcata*

特征 群体桌状，多呈半圆形或扇形；水平枝纤细，相互交叉，呈网格状；小分枝极为短小。轴珊瑚杯圆柱形，孔小；侧珊瑚杯杯形，不呈花瓣状排列。生活群体常呈灰白色，珊瑚杯呈暗色。

分布 广泛分布于印度－太平洋珊瑚礁区域，在南沙为少见种，一般生活于礁坡崖壁上。

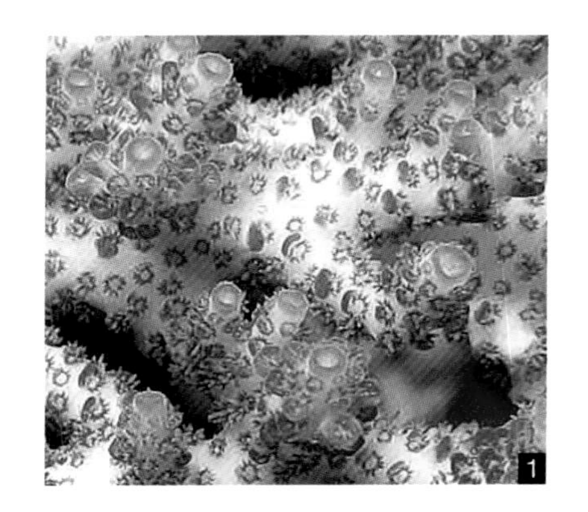

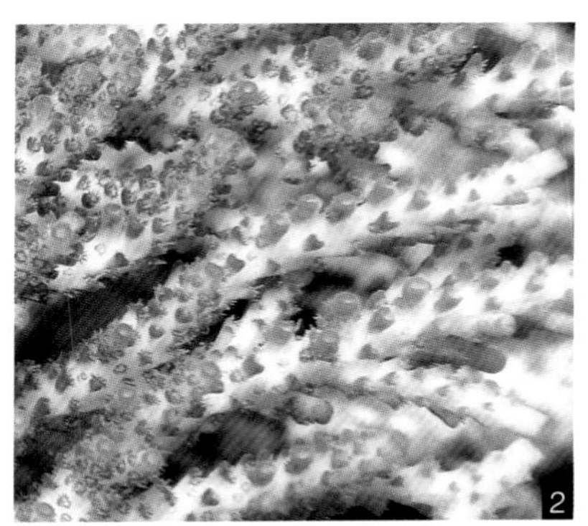

1，2. 珊瑚杯细微结构
3. 桌状的珊瑚群体

风信子鹿角珊瑚 *Acropora hyacinthus*

特征 群体桌状或圆盘状；水平分枝拥挤，常愈合在一起；竖直分枝短小，密布在水平分枝上。轴珊瑚杯圆柱形，直接 2 mm；侧珊瑚杯半管形，排列拥挤，呈花瓣状。生活群体常呈棕色、绿色或灰色。

分布 广泛分布于印度－太平洋珊瑚礁区域，在南沙为常见种，常生活于珊瑚礁礁坡上段。

1，2. 珊瑚杯细微结构
3. 珊瑚骨骼
4. 圆盘状的珊瑚群体

缘叶鹿角珊瑚 *Acropora spicifera*

特征 群体桌状；水平分枝在边缘常愈合形成叶状，竖直分枝短小，密布在水平分枝上。轴珊瑚杯圆柱形，侧珊瑚杯凹入，呈花瓣状排列。生活群体常呈灰白色或绿色。

分布 广泛分布于印度－太平洋珊瑚礁区域，在南沙为常见种，常生活于珊瑚礁礁坡环境。

1. 桌状的珊瑚群体
2. 群体表面细微结构

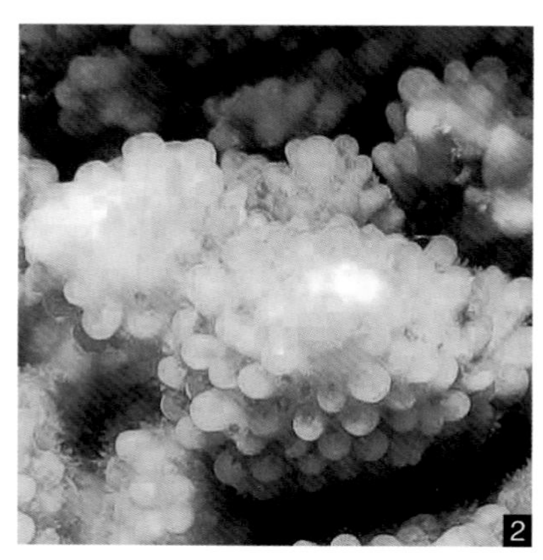

泡形鹿角珊瑚 *Acropora globiceps*

特征 群体指状，单指粗短，指之间紧凑。轴珊瑚杯不明显；侧珊瑚杯管形或紧贴形，排列成纵行。生活群体常呈奶白色、蓝色或绿棕色。

分布 广泛分布于印度－太平洋珊瑚礁区域，在南沙为少见种，一般生活于珊瑚礁礁坡上段或礁坡。

1. 指状的珊瑚群体
2. 管形的侧珊瑚杯

巨锥鹿角珊瑚 *Acropora monticulosa*

特征 群体粗指状，单枝锥形，粗壮，向上，基部共骨扩展彼此相连。生长在波浪较强劲的浅水礁坪上时，分枝较短，呈金字塔形。轴珊瑚杯孔外径 1.4~3.8 mm；侧珊瑚杯短管形，大小一致，排列均匀。生活群体常呈褐色、淡黄色或紫色。

分布 广泛分布于印度－太平洋珊瑚礁区域，在南沙为常见种，常生活于珊瑚礁礁坡上段。

1，4. 不同形态的珊瑚群体
2. 短管形的侧珊瑚杯
3. 珊瑚骨骼

粗野鹿角珊瑚 *Acropora humilis*

特征　群体指状，单指为指形或亚指形，基部共骨扩展彼此相连或游离不连。单指基部常有小分枝。轴珊瑚杯圆柱形，不突出；侧珊瑚杯圆鼻形，排列整齐。生活群体常呈奶白色、棕色或紫色。

分布　广泛分布于印度－太平洋珊瑚礁区域，在南沙为常见种，多见于礁坪。

1. 珊瑚杯细微结构
2. 珊瑚骨骼
3. 指状的珊瑚群体

Acropora prostrata

特征 群体伞房状，分枝较多，向上或斜向上。轴珊瑚杯圆管形；侧珊瑚杯半管形，排列整齐，呈鳞片状。白天可见较长触手。生活群体常呈粉红色、绿棕色或蓝色。

分布 广泛分布于印度－太平洋珊瑚礁区域，在南沙为少见种，一般生活于礁坡峭壁上。

1. 伞房状的珊瑚群体
2. 珊瑚杯细微结构

多孔鹿角珊瑚 *Acropora millepora*

特征 群体桌状或伞房状，分枝短，整齐一致。轴珊瑚杯圆柱形；侧珊瑚杯唇瓣状，排列紧密，呈鳞片状。触手白天明显可见。生活群体常呈黄色、绿色或粉红色。

分布 广泛分布于印度－太平洋珊瑚礁区域，在南沙为少见种，生活于多种珊瑚礁礁环境。

1. 桌状的珊瑚群体
2. 珊瑚杯细微结构
3. 珊瑚骨骼

天蓝鹿角珊瑚 *Acropora azurea*

特征 群体灌丛状，主枝向上或斜向上，分枝短。轴珊瑚杯圆柱形，基部略膨胀；侧珊瑚杯鼻形。生活群体常呈棕色、天蓝色或奶白色。

分布 广泛分布于西太平洋珊瑚礁区域，在南沙为偶见种，一般生活于珊瑚礁礁坡上段。

1. 珊瑚杯细微结构
2. 灌丛状的珊瑚群体

尖锐鹿角珊瑚 *Acropora aculeus*

特征 群体伞房状，水平分枝薄且延长，竖直分枝纤细。轴珊瑚杯与侧珊瑚杯在分枝末端不易区分，侧珊瑚鼻形。生活群体常呈灰白色、蓝色或黄色。

分布 广泛分布于印度－太平洋珊瑚礁区域，在南沙为少见种，一般生活于珊瑚礁礁坡上段或潟湖环境。

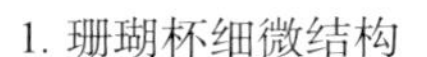

1. 珊瑚杯细微结构
2. 伞房状的珊瑚群体

柔枝鹿角珊瑚 *Acropora tenuis*

特征 群体伞房状，分枝向上或斜向上。轴珊瑚杯圆柱形，长且突出；侧珊瑚杯唇瓣状，排列整齐，呈花瓣状。生活群体常呈黄色、奶白色或绿色等。

分布 广泛分布于印度－太平洋珊瑚礁区域，在南沙为常见种，常生活于珊瑚礁礁坡上段。

1，4. 伞房状的珊瑚群体
2. 珊瑚杯细微结构
3. 珊瑚骨骼

石松鹿角珊瑚 *Acropora selago*

特征 群体伞房状、桌状或匍匐状，分枝纤细。轴珊瑚杯圆柱形，长且突出；侧珊瑚杯鳞片状。生活群体常呈奶白色、棕色或蓝色，白天触手可见。

分布 广泛分布于印度－太平洋珊瑚礁区域，在南沙为少见种，生活于珊瑚礁多种环境。

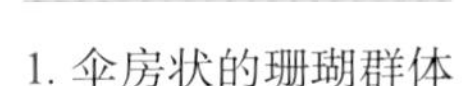

1. 伞房状的珊瑚群体
2. 珊瑚杯细微结构
3. 珊瑚骨骼

木莲鹿角珊瑚 *Acropora insignis*

特征 群体伞房状，分枝不规则，末端纤细。轴珊瑚杯圆柱形，长且突出。侧珊瑚杯排列稀疏，主枝侧珊瑚杯紧贴形，末枝侧珊瑚杯鳞片形。生活群体常呈棕色或粉红色，末枝常呈白色。

分布 广泛分布于印度－太平洋珊瑚礁区域，在南沙为少见种，一般生活于珊瑚礁浅水环境。

1. 珊瑚杯细微结构
2. 伞房状的珊瑚群体

Acropora willisae

特征 群体桌状或伞房状，分枝短且整齐一致。轴珊瑚杯圆柱形，可能多于一个，延长，中间部位的分枝轴珊瑚杯明显长于四周分枝；分枝末端侧珊瑚杯为长管形。生活群体灰白色、奶白色或棕色。

分布 广泛分布于印度－太平洋珊瑚礁区域，在南沙为少见种，生活于珊瑚礁多种环境。

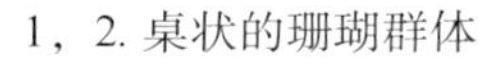

1，2. 桌状的珊瑚群体

3. 珊瑚杯细微结构，长圆柱形的轴珊瑚杯

花柄鹿角珊瑚 *Acropora anthocercis*

特征 群体桌状或伞房状，分枝短且厚实。轴珊瑚杯圆柱形，一个或多个；侧珊瑚杯圆管形，排列紧凑，呈花瓣状。生活群体常呈粉红色或棕色。

分布 广泛分布于印度－太平洋珊瑚礁区域，在南沙为常见种，多见于礁坪。

1. 群体表面结构
2，3. 珊瑚杯细微结构
4. 桌状的珊瑚群体

灌丛鹿角珊瑚 *Acropora microclados*

特征 群体伞房状，分枝短且整齐一致。轴珊瑚杯圆柱形；侧珊瑚杯长圆管形，排列紧凑，管口边缘锋锐。生活群体常呈棕色。

分布 广泛分布于印度－太平洋珊瑚礁区域，在南沙为少见种，一般生活于珊瑚礁礁坡上段。

1. 珊瑚杯细微结构
2. 珊瑚骨骼
3. 伞房状的珊瑚群体

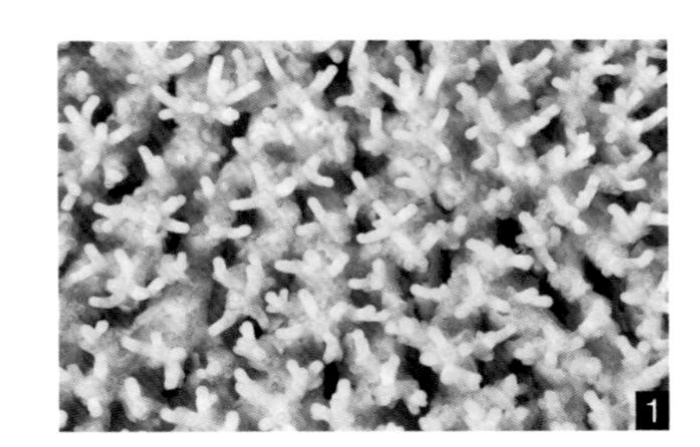

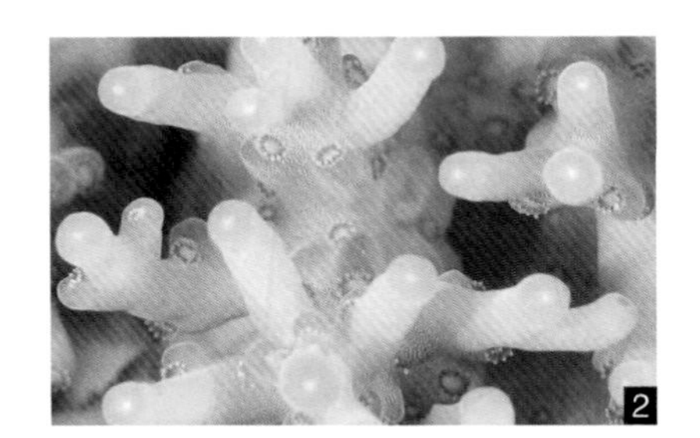

颗粒鹿角珊瑚*Acropora granulosa*

特征 群体桌状，常呈半圆形，向上分枝短。轴珊瑚长圆柱形，一般每个分枝有多个；侧珊瑚杯口袋形，杯体较小。生活群体常呈奶白色或淡黄色。

分布 广泛分布于印度 – 太平洋珊瑚礁区域，在南沙为少见种，一般生活于礁坡的峭壁上。

1，2. 珊瑚杯细微结构
3. 桌状的珊瑚群体

贾桂林鹿角珊瑚 *Acropora jacquelineae*

特征 群体桌状，常呈半圆形，分枝瓶刷状。轴珊瑚长圆柱形，多弯曲；侧珊瑚杯鼻形。生活群体常呈灰棕色。

分布 广泛分布于印度－太平洋珊瑚礁区域，在南沙为少见种，一般生活于礁坡的峭壁上。

1. 珊瑚杯细微结构
2. 桌状的珊瑚群体

穗枝鹿角珊瑚 *Acropora secale*

特征　群体灌丛状，分枝粗壮，向上逐渐变细。轴珊瑚杯圆柱形，直径较小；侧珊瑚杯斜口圆管形，多数较长，分枝末端较短。生活群体多样，常呈蓝色、紫色或棕色。

分布　广泛分布于印度－太平洋珊瑚礁区域，在南沙为少见种，一般生活于礁坪上。

1. 灌丛状的珊瑚群体
2. 珊瑚杯细微结构

鼻形鹿角珊瑚 *Acropora nasuta*

特征 群体伞房状或灌丛状，分枝粗壮，向上逐渐变细。轴珊瑚杯圆柱形，杯孔小；侧珊瑚杯圆鼻形，排列整齐。生活群体常呈奶白色、灰棕色。

分布 广泛分布于印度－太平洋珊瑚礁区域，在南沙为少见种，一般生活于珊瑚礁礁坡上段。

1. 珊瑚杯细微结构
2. 珊瑚骨骼
3. 灌丛状的珊瑚群体

强壮鹿角珊瑚 *Acropora valida*

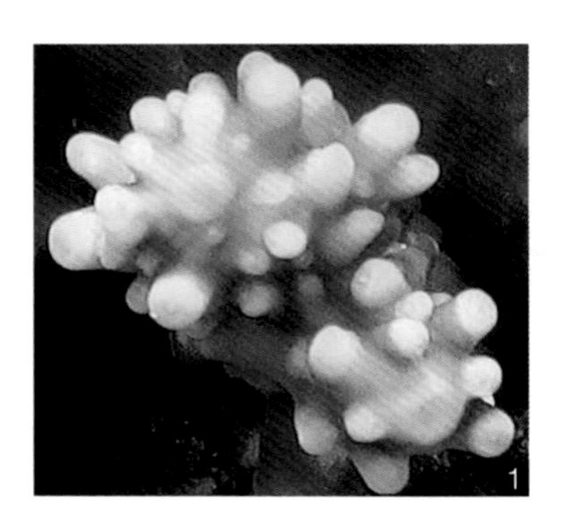

特征 群体灌丛状或桌状，一般较小，群体直径很少超过 0.5 m；主枝强壮，短，向上或斜向上。轴珊瑚杯圆柱形，极小；侧珊瑚杯管口形或紧贴形，略膨胀，杯孔小。生活群体常呈棕色或黄色，末端呈紫色。

分布 广泛分布于印度－太平洋珊瑚礁区域，在南沙为少见种，生活于珊瑚礁多种环境。

1. 珊瑚杯细微结构
2. 珊瑚骨骼
3. 灌丛状的珊瑚群体

簇皱鹿角珊瑚 *Acropora exquisita*

特征 群体灌丛状，分枝多与主枝垂直。轴珊瑚杯圆柱形，突出；邻近分枝末端的侧珊瑚杯较小，鳞片状，其他侧珊瑚杯较大，半管形，喇叭口。生活群体常呈灰白色或灰褐色。

分布 广泛分布于印度－太平洋珊瑚礁区域，在南沙为少见种，一般生活于潟湖坡或潟湖环境。

1. 灌丛状的珊瑚群体
2. 珊瑚杯细微结构

标准鹿角珊瑚 *Acropora speciosa*

特征 群体灌丛状，主枝和分枝均为瓶刷状。轴珊瑚杯圆柱形，较大，延长；侧珊瑚杯口袋形，较小。生活群体常呈奶白色。

分布 广泛分布于印度－太平洋珊瑚礁区域，在南沙为少见种，一般生活于珊瑚礁隐蔽的、水质清澈的礁坡。

1. 珊瑚杯细微结构
2. 珊瑚骨骼
3. 灌丛状的珊瑚群体

次生鹿角珊瑚 *Acropora subglabra*

特征 群体树状，分枝瓶刷状。轴珊瑚和初生轴珊瑚为管状，末端略细；侧珊瑚杯短而拥挤。生活群体常呈淡褐色，分枝末端常为黄色。

分布 广泛分布于印度－太平洋珊瑚礁区域，在南沙为少见种，一般生活在隐蔽的、水质清澈的礁坡或软底质上。

1. 树状的珊瑚群体
2. 珊瑚杯细微结构

旁枝鹿角珊瑚 *Acropora elseyi*

特征 群体树状，分枝瓶刷状。轴珊瑚杯圆柱形，杯孔小；侧珊瑚杯圆管形，杯孔小，壁厚。生活群体常呈黄色或奶白色。

分布 广泛分布于印度－太平洋珊瑚礁区域，在南沙为少见种，一般生活于潟湖环境。

1，2. 珊瑚杯细微结构
3. 树状的珊瑚群体

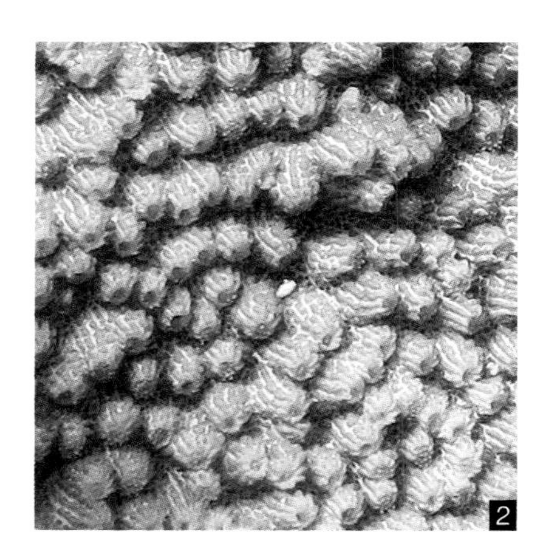

蓝德尔星孔珊瑚 *Astreopora randalli*

特征 群体皮壳状或盘状。珊瑚杯孔内陷，孔小，直径约 1.5 mm。共骨有小突起，自杯孔而下形成一列纵纹。生活群体常呈奶白色、绿色或棕褐色。

分布 广泛分布于太平洋珊瑚礁区域，在南沙为偶见种，一般生活于珊瑚礁隐蔽的浅水环境。

1. 盘状的珊瑚群体
2. 群体表面细微结构

多星孔珊瑚 *Astreopora myriophthalma*

特征 群体团块状，多为半球状，表面无疣状突起，均匀平滑。珊瑚杯圆形，杯孔深。共骨有小刺突。生活群体常呈奶白色、棕色或黄色。

分布 广泛分布于印度－太平洋珊瑚礁区域，在南沙为常见种，常生活于礁坪和礁坡上。

1，3. 团块状的珊瑚群体
2. 珊瑚杯细微结构

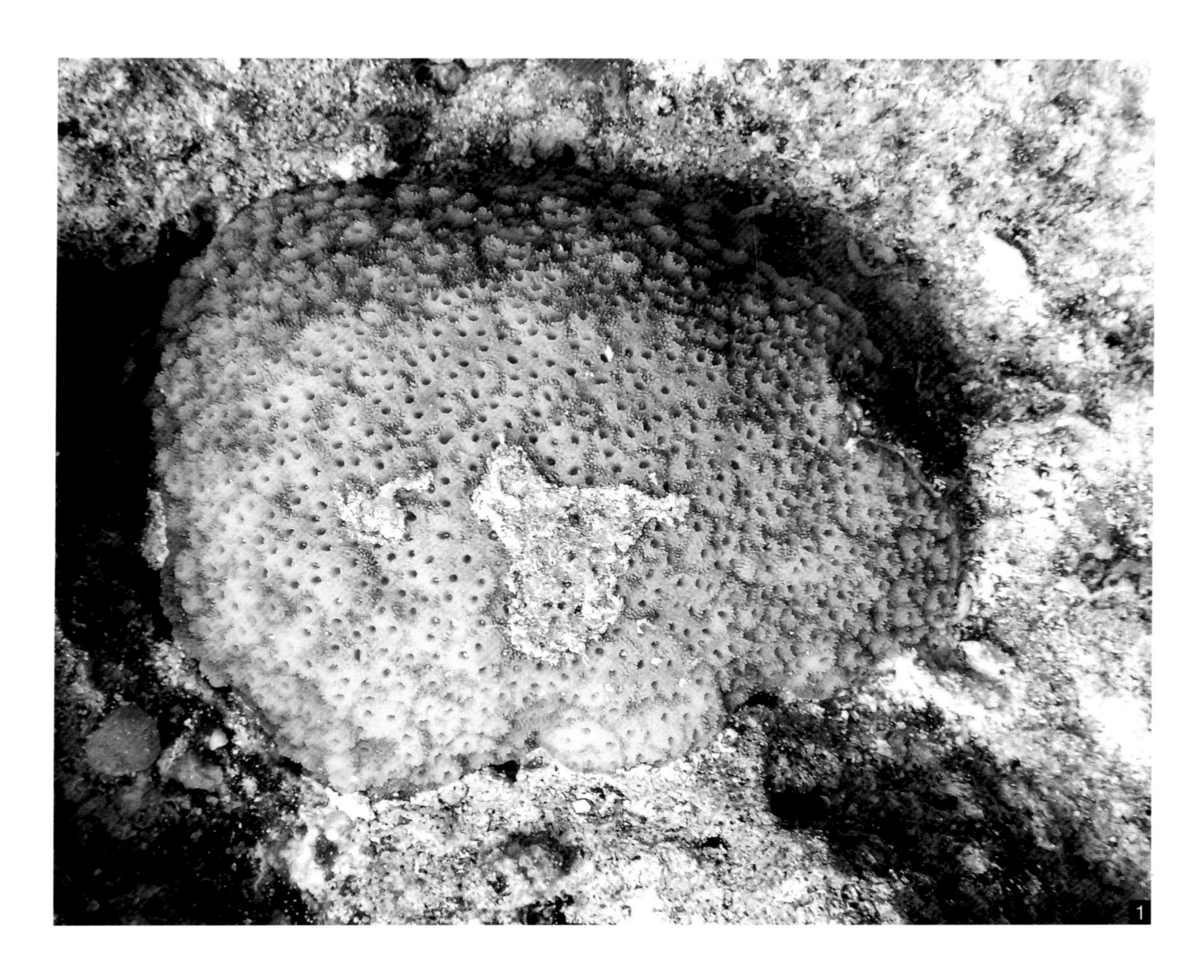

潜伏星孔珊瑚 *Astreopora listeri*

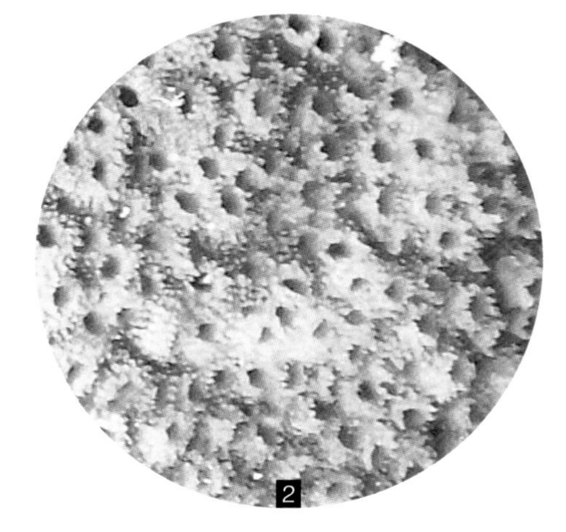

特征 群体皮壳状，为半球状。珊瑚杯横截面圆形，杯孔小，内陷，周围有羽毛状小刺。共骨具小刺突。生活群体常呈奶白色或棕色。

分布 广泛分布于印度－太平洋珊瑚礁区域，在南沙为少见种，生活于珊瑚礁多种环境。

1. 皮壳状的珊瑚群体
2. 具小刺突的群体表面

疣星孔珊瑚 *Astreopora gracilis*

特征 群体团块状，多呈半球状。珊瑚杯圆锥形，内陷，排列不规则，杯孔朝不同方向。共骨具小刺突。生活群体常呈灰白色、绿色或棕色。

分布 广泛分布于印度－太平洋珊瑚礁区域，在南沙为少见种，一般生活于珊瑚礁浅水环境。

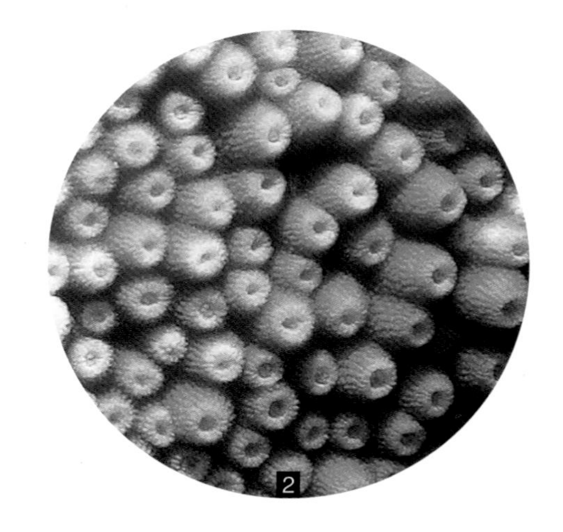

1. 团块状的珊瑚群体
2. 凹凸不平的群体表面

02 星群珊瑚科 Astrocoeniidae

星群珊瑚科的珊瑚均为群体生长类型，仅有柱群珊瑚属 *Stylocoeniella* 现存于印度 – 太平洋，其余属均为化石种。

甲胄柱群珊瑚 *Stylocoeniella armata*

特征 群体常为皮壳状，常覆盖在礁石表面形成一片薄层，中央可形成指状的柱状突起。珊瑚杯横截面圆形或椭圆形，在群体表面的凹陷处比较集中。珊瑚杯之间的共骨上长有颗粒刺花。生活群体常为暗绿色或褐色。

分布 广泛分布于印度－太平洋珊瑚礁区，在南沙为少见种，一般生活于隐蔽的礁石侧面。

1. 皮壳状的珊瑚群体

03 杯形珊瑚科 Pocilloporidae

杯形珊瑚科的珊瑚呈群体生长，外部形态以枝状居多，但分枝的形状、大小差异较大，常见的珊瑚属有杯形珊瑚属 *Pocillopora*、排孔珊瑚属 *Seriatopora*、柱状珊瑚属 *Stylophora* 等。

疣状杯形珊瑚 *Pocillopora verrucosa*

特征 群体枝状，分枝形态在不同的生长环境有所差异。在海流或波浪较为强劲的区域，分枝粗短、紧密、厚实；在海流或波浪较弱的区域则分枝疏松。表面疣状突起相对较大，不规则。生活群体通常呈褐色、黄绿色或粉红色。

分布 广泛分布于印度－太平洋珊瑚礁区，在南沙为常见种，多生活于浅水动荡环境或浅水礁石之上。

相似种 与多曲杯形珊瑚较为相似，但多曲杯形珊瑚分枝更短，枝顶端多扁平弯曲，疣状突起更小。

1. 小枝状的珊瑚群体
2. 明显的表面疣状突起
3. 珊瑚骨骼

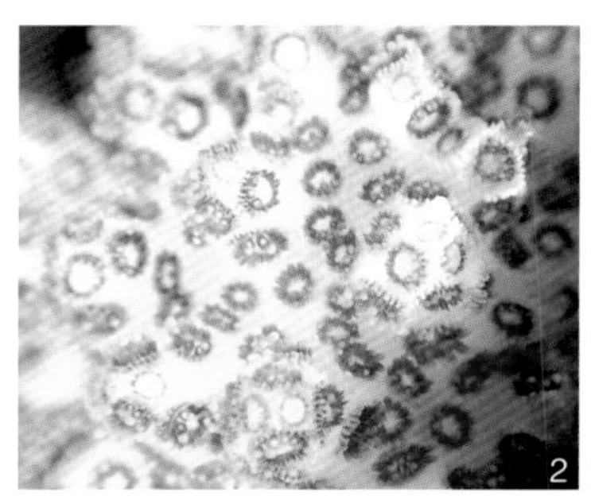

多曲杯形珊瑚 *Pocillopora meandrina*

特征 群体枝状，分枝紧密且相对较短，其顶端多呈扁平弯曲的厚片状，表面疣状突起均匀，大小一致。生活群体常呈黄褐色、绿色或粉红色。

分布 广泛分布于印度－太平洋珊瑚礁区，在南沙为常见种，多生活在海流或波浪较为强劲的浅水环境。

1，4. 枝状的珊瑚群体
2. 珊瑚杯细微结构
3. 珊瑚骨骼

伍氏杯形珊瑚 *Pocillopora woodjonese*

特征 群体粗短，呈不规则分枝状，分枝末端多为扁平桨状或者弯曲板状，共骨颗粒多。

分布 广泛分布于印度－太平洋珊瑚礁区，在南沙为少见种，一般生活于珊瑚礁浅水环境。

相似种 与埃氏杯形珊瑚较为相似，但埃氏杯形珊瑚群体分枝较大而疏，共骨上颗粒相对较少。

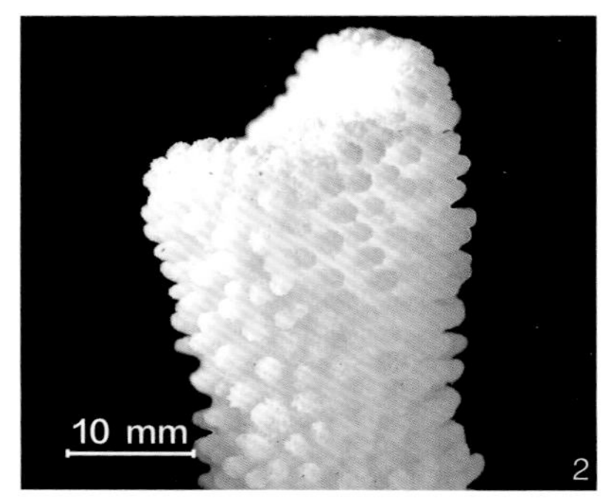

1. 末端扁平的珊瑚细微结构
2. 珊瑚骨骼
3. 桨状分枝的珊瑚群体

埃氏杯形珊瑚 *Pocillopora eydouxi*

特征 群体枝状，分枝粗大、侧扁、不规则，顶端圆钝，间隙大，是共栖生物居住的良好场所，表面疣状突起密集。生活群体通常呈褐色或绿褐色。

分布 广泛分布于印度－太平洋珊瑚礁区，在南沙为常见种，常生活于海流或波浪较为强劲的环境。

1，3. 枝状的珊瑚群体
2. 珊瑚群体局部结构，可见共生螺类

箭排孔珊瑚 *Seriatopora hystrix*

特征 珊瑚体由细小、紧密的枝状交错分布构成，顶端呈锥状。在海流或波浪较为强劲的区域，分枝粗短紧密；在海流或波浪较弱的区域，分枝相对较长且疏松。生活群体常呈粉红色。

分布 广泛分布于印度－太平洋珊瑚礁区，在南沙为常见种，多生活于潟湖环境。

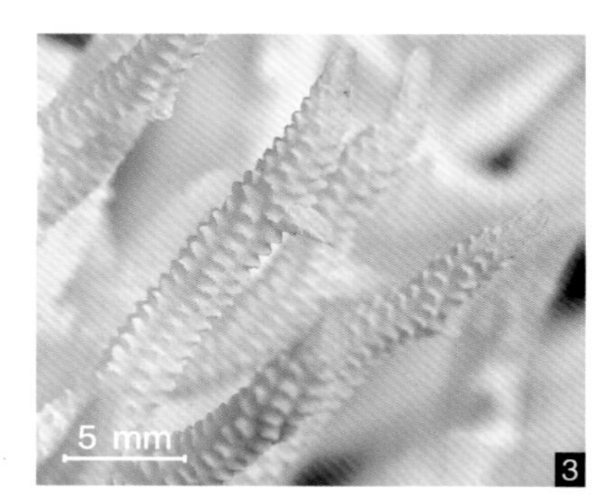

1，2. 细枝状的珊瑚群体

3. 珊瑚骨骼

星排孔珊瑚 *Seriatopora stellata*

特征 群体为短枝状，主枝粗壮，小枝瘦弱，珊瑚杯排列整齐，触手常在夜间伸出。生活群体常呈棕褐色或粉红色。

分布 广泛分布于印度－太平洋珊瑚礁区，在南沙为常见种，一般生活在珊瑚礁礁坡上段。

1，2. 短枝状的珊瑚群体

浅杯排孔珊瑚*Seriatopora caliendrum*

特征　群体枝状，分枝细小且紧密，由众多二分叉构成，顶端圆钝。珊瑚杯成列排布整齐，触手白天可见。生活群体常呈黄绿色或棕色。

分布　广泛分布于印度－太平洋珊瑚礁区，在南沙为常见种，常生活于珊瑚礁礁坡上段。

1. 珊瑚骨骼
2. 细枝状的珊瑚群体

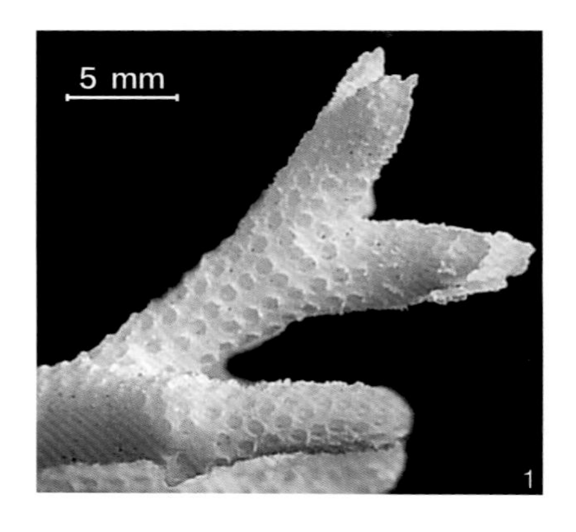

柱状珊瑚 *Stylophora pistillata*

特征 群体细枝状、粗枝状或板枝状，顶端圆钝。珊瑚杯排列不整齐，珊瑚杯四周有刺，排成“罩”形，第一轮隔片针状。生活群体常呈棕黄色、绿色或粉红色。

分布 广泛分布于印度 – 太平洋珊瑚礁区，在南沙为常见种，一般生活在礁坡上段。

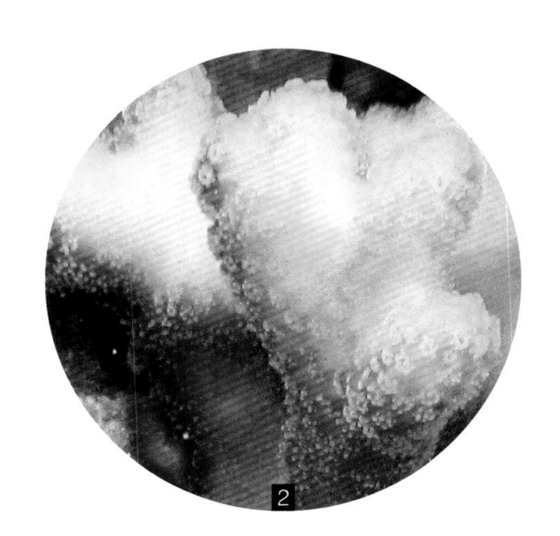

1. 细枝状的珊瑚群体
2. 顶端圆钝的群体结构

亚列柱状珊瑚 *Stylophora subseriata*

特征 群体枝状，分枝相对细小且不规则，顶端圆钝。共骨有刺。生活群体常呈奶白色、粉红色。

分布 广泛分布于印度－太平洋珊瑚礁区，在南沙为常见种，生活于珊瑚礁多种环境。

相似种 该种与排孔珊瑚属的种类较为相似，但排孔珊瑚属各种的珊瑚杯成列分布，且排列整齐。

1. 枝状的珊瑚群体
2. 珊瑚杯细微结构

04 枇杷珊瑚科 Oculinidae

枇杷珊瑚科的珊瑚均为群体生长类型。珊瑚隔片极其突出，轴柱常发育不良或不发育。常见的属有盔形珊瑚属 *Galaxea* 等。

丛生盔形珊瑚 *Galaxea fascicularis*

特征 群体常为团块状。珊瑚杯相对较大，多而密，横截面多呈不规则椭圆形，触手常于日间伸展。生活群体常为绿色、灰色或褐色。

分布 广泛分布于印度–太平洋珊瑚礁区，在南沙为常见种，生活于多种珊瑚礁环境。

1，2. 珊瑚杯细微结构
3. 珊瑚骨骼
4. 团块状的珊瑚群体

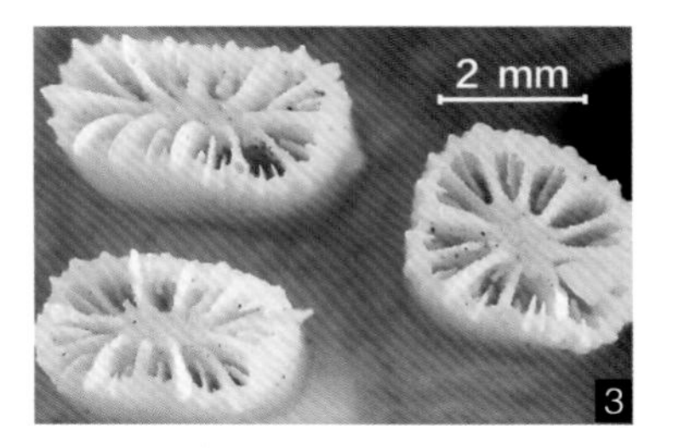

05 铁星珊瑚科 Siderastreidae

铁星珊瑚科的珊瑚均为群体生长类型，常呈团块状或柱状，隔片－珊瑚肋加厚，常见的属有筛珊瑚属 *Coscinaraea* 和沙珊瑚属 *Psammocora* 等。

吞噬筛珊瑚 *Coscinaraea exesa*

特征 群体为柱状，珊瑚群体顶端扁平。脊塍宽而发育好，弯曲不规则。珊瑚体最大直径达 6 mm，隔片呈花瓣形，隔片上有颗粒。

分布 广泛分布于印度 – 太平洋珊瑚礁区，在南沙为常见种，生活于珊瑚礁浅水环境。

1. 柱状的珊瑚群体
2. 珊瑚骨骼

指形沙珊瑚 *Psammocora digitata*

特征 群体常为柱状，珊瑚杯小而浅，略呈花瓣状。生活群体常为紫色、灰色或褐色。

分布 广泛分布于印度－太平洋珊瑚礁区，在南沙为常见种，生活于珊瑚礁各类环境。

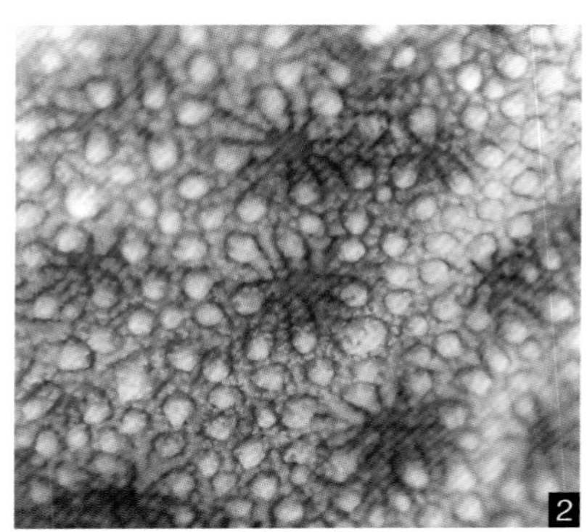

1，3. 柱状的珊瑚群体
2. 珊瑚杯细微结构

不等脊塍沙珊瑚 *Psammocora nierstraszi*

特征 群体常为团块状。珊瑚杯边缘界限明显，脊塍高而陡。生活群体常为灰色或褐色。

分布 广泛分布于印度-太平洋珊瑚礁区，在南沙为少见种，一般生长在海流或波浪较为强劲的海域。

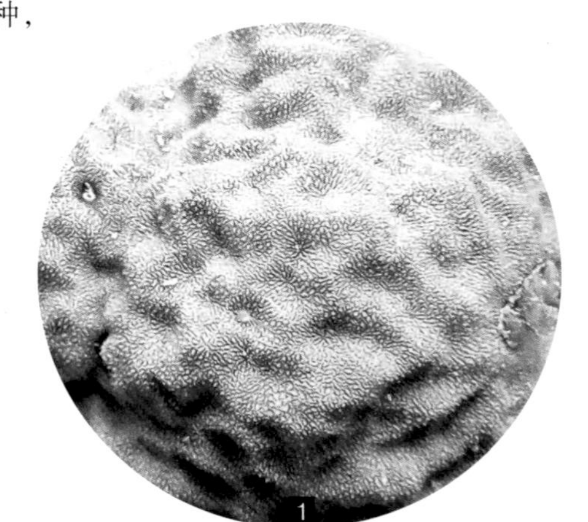

1. 边缘界限明显的珊瑚杯
2. 团块状的珊瑚群体

06 菌珊瑚科 Agariciidae

菌珊瑚科的珊瑚均为群体型，以团块状、皮壳状或叶状珊瑚居多，珊瑚体壁由隔片和肋片增厚而成，隔片和肋片分界不明显，许多种类的隔片和肋片形成网状。常见的属有牡丹珊瑚属 *Pavona*、薄层珊瑚属 *Leptoseris*、西沙珊瑚属 *Coeloseris*、加德纹珊瑚属 *Gardineroseris*、厚丝珊瑚属 *Pachyseris* 等。

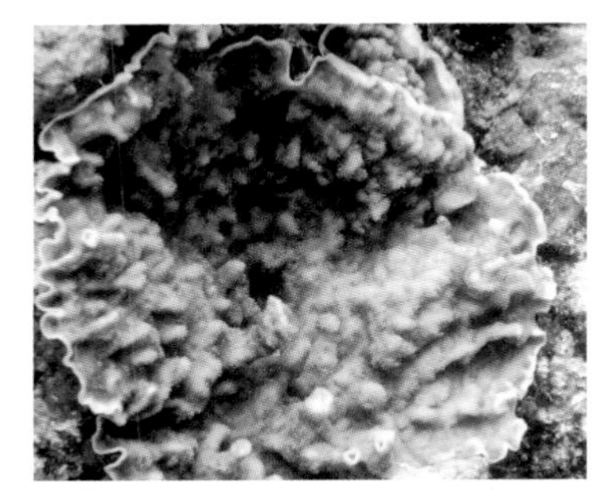

易变牡丹珊瑚 *Pavona varians*

特征 群体有皮壳状等多种形态。脊塍长短不一，且相对扁平，连续或不连续，包围一个或数个珊瑚杯，较短的脊塍则形成锥状小丘。珊瑚杯较小。生活群体颜色多样，主要为黄色、绿色或褐色。

分布 广泛分布于印度－太平洋珊瑚礁区，在南沙为常见种，生活于珊瑚礁各类环境。

相似种 与脉结牡丹珊瑚较为相似，但脉结牡丹珊瑚纹沟间为尖锐的脊状隆起。

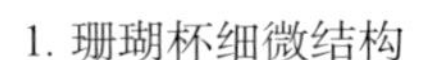

1. 珊瑚杯细微结构
2. 皮壳状的珊瑚群体

脉结牡丹珊瑚 *Pavona venosa*

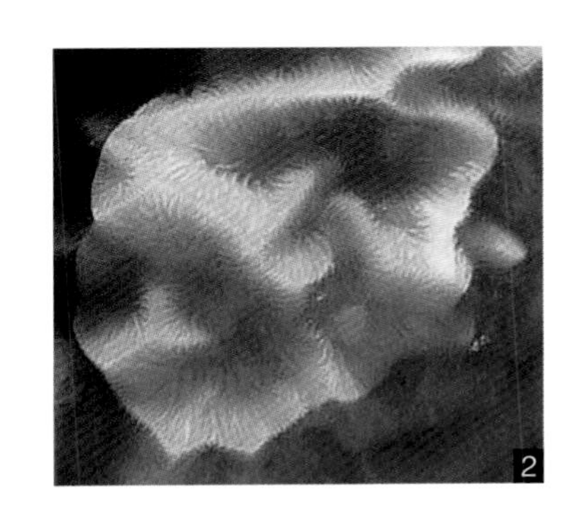

特征 群体呈团块状或皮壳状。珊瑚杯或分离不连续，或聚集成群，可形成尖锐的脊状隆起。生活群体常为黄褐色或粉褐色。

分布 广泛分布于印度–太平洋珊瑚礁区，在南沙为少见种，一般生活于珊瑚礁浅水环境。

1. 皮壳状的珊瑚群体
2. 珊瑚杯细微结构

柱形牡丹珊瑚 *Pavona clavus*

特征 群体由呈柱状或棒状分枝构成。珊瑚杯小，壁厚，具明显的两轮隔片 – 珊瑚肋，轴柱短或消失（骨骼结构）。生活群体常为灰色或褐色。

分布 广泛分布于印度 – 太平洋珊瑚礁区，在南沙为少见种，一般生活于外礁坪上部波浪较为强劲的区域。

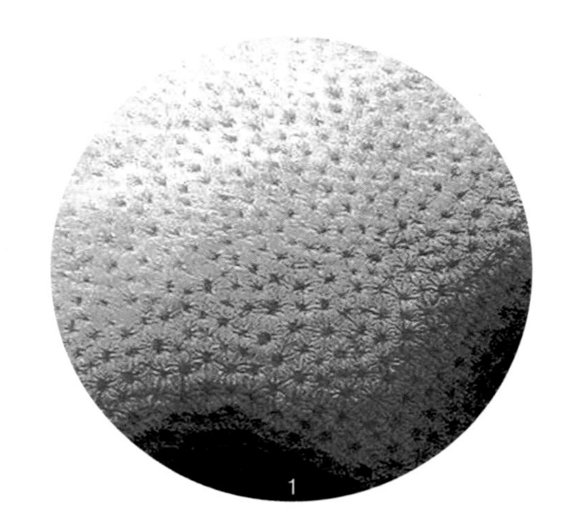

1. 珊瑚群体表面结构
2. 柱状的珊瑚群体

厚板牡丹珊瑚 *Pavona duerdeni*

特征 群体团块状，常形成直立的平行或不规则的板脊。珊瑚杯小，在珊瑚骨骼表面均匀分布，珊瑚群体表面光滑。生活群体常呈灰色或褐色。

分布 广泛分布于印度－太平洋珊瑚礁区，在南沙为常见种。生活于珊瑚礁多种环境。

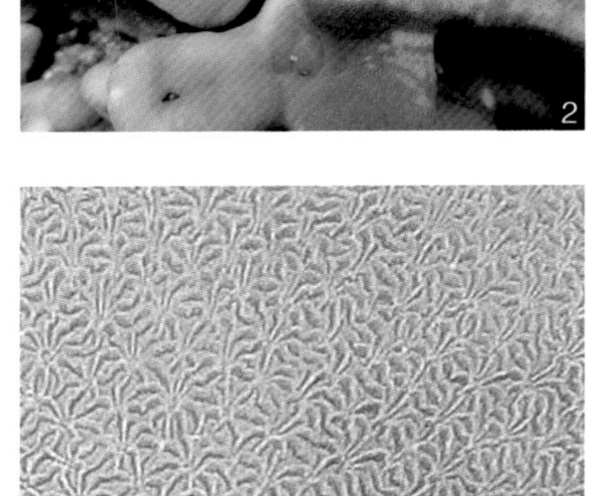

1，2. 团块状的珊瑚群体

3. 珊瑚杯细微结构

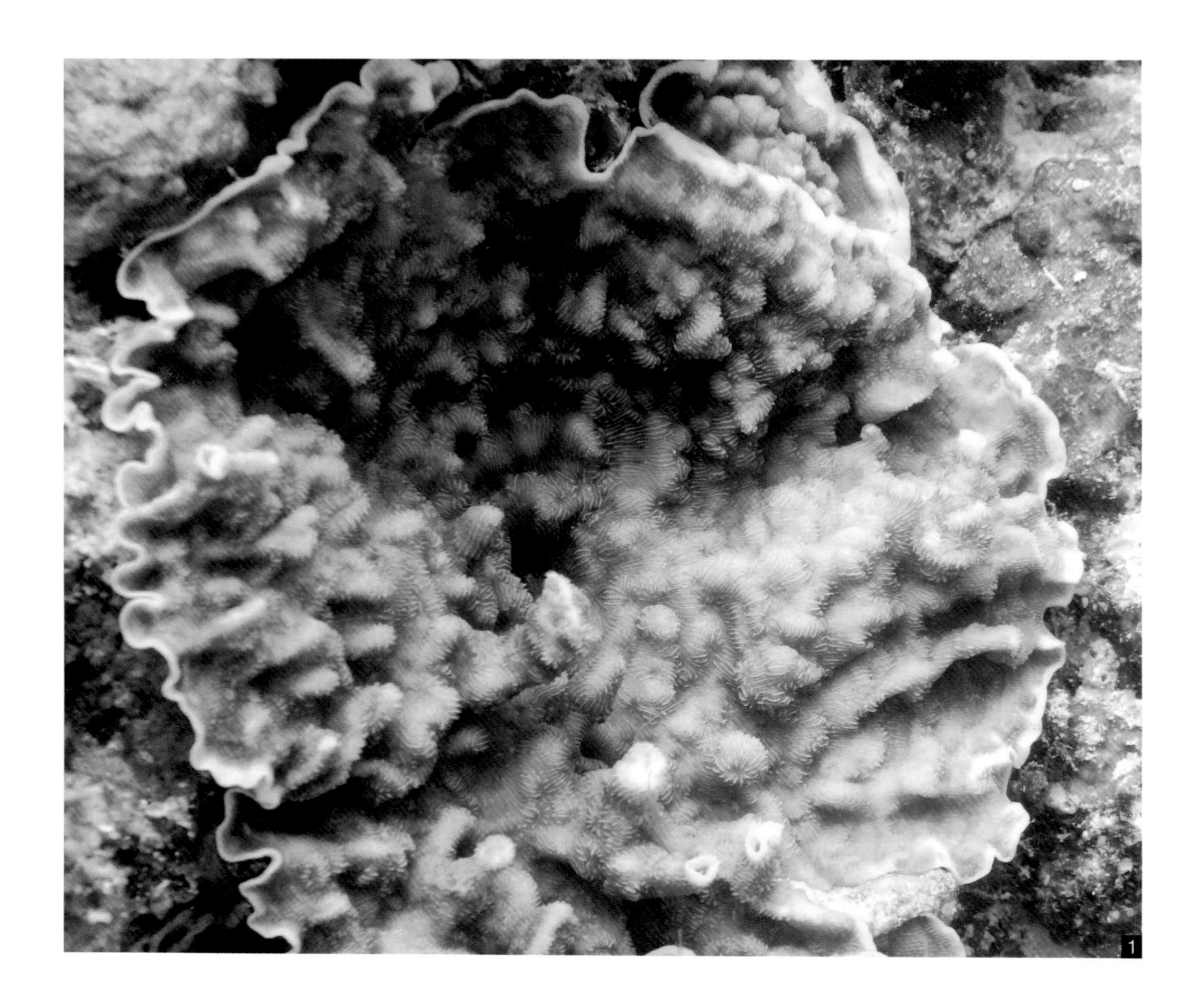

坚实薄层珊瑚 *Leptoseris solida*

特征 群体皮壳状，表面皱褶，可形成管状突起。珊瑚杯分布不规则，常向边缘倾斜。生活群体常为褐色，边缘偏白色。

分布 广泛分布于印度－太平洋珊瑚礁区，在南沙为少见种，一般生活于珊瑚礁礁坡岩壁。

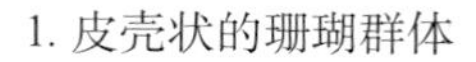

1. 皮壳状的珊瑚群体
2. 不规则分布的珊瑚杯

叶形薄层珊瑚 *Leptoseris yabei*

特征 群体皮壳状。表面脊塍呈辐射状排列，或形成皱褶，甚至形成矩形。珊瑚杯位于脊间的沟内，其开口常向边缘倾斜。生活群体常为褐色或淡黄色，边缘为白色。

分布 广泛分布于印度－太平洋珊瑚礁区，在南沙为少见种，一般生活于水流平缓、底质平坦的珊瑚礁环境。

1，3. 皮壳状的珊瑚群体
2. 矩形分布的珊瑚杯

西沙珊瑚 *Coeloseris mayeri*

特征 群体团块状，表面光滑，或呈波纹形。珊瑚杯横截面呈多角形，相邻珊瑚杯的隔片常交错排列。生活群体常为褐色或淡黄色。

分布 广泛分布于印度－太平洋珊瑚礁区，在南沙为少见种，一般生活于礁斜坡上段或潟湖环境。

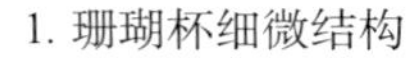

1. 珊瑚杯细微结构
2. 珊瑚骨骼
3. 皮壳状的珊瑚群体

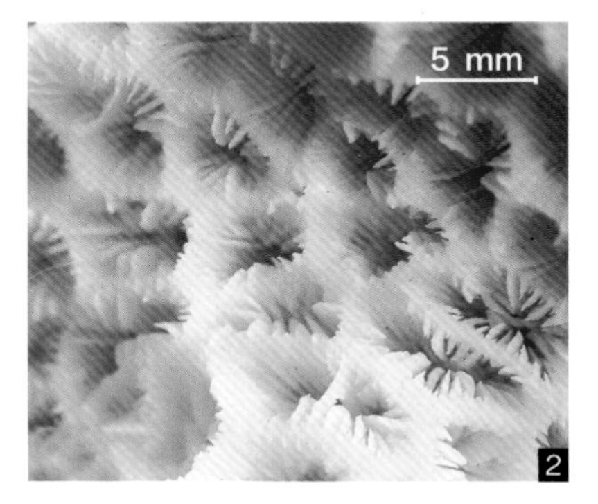

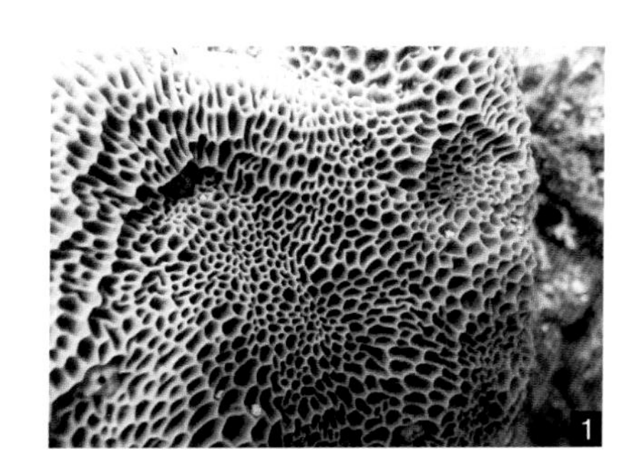

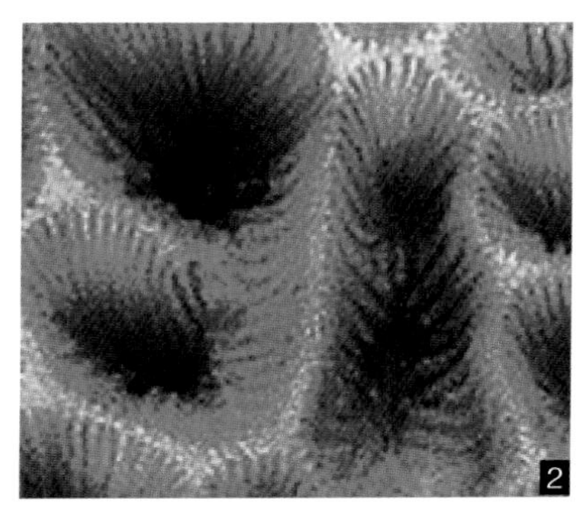

加德纹珊瑚 *Gardineroseris planulata*

特征 群体团块状或皮壳状，表面具尖锐的脊，脊间的沟凹陷深，沟内含 1~5 个珊瑚杯。生活群体常为深褐色。

分布 广泛分布于印度－太平洋珊瑚礁区，在南沙为少见种，主要生活于清澈水域的珊瑚礁平台或凹入的峭壁。

1，3. 团块状的珊瑚群体
2. 珊瑚杯细微结构

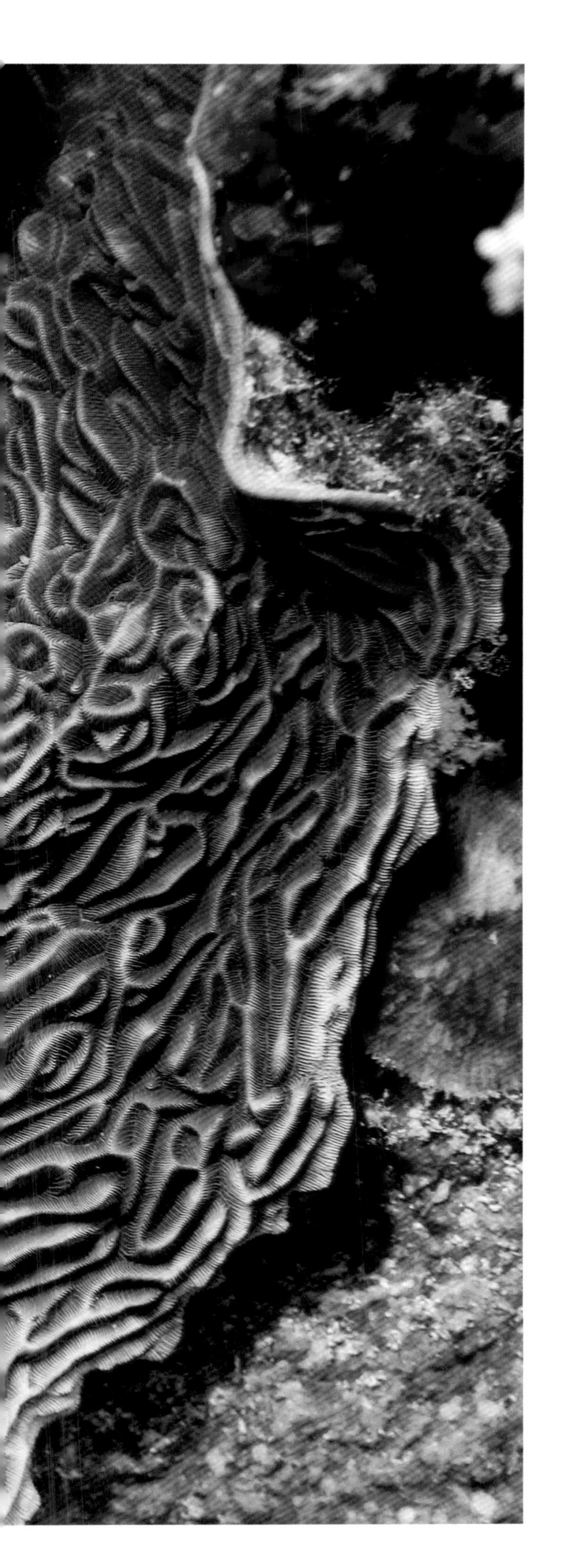

皱纹厚丝珊瑚 *Pachyseris rugosa*

特征 群体多呈皮壳状、板叶状、团块状等。脊塍弯曲、长短不一。珊瑚杯相连在一起，且呈不规则排列。生活群体常为褐色或黄色。

分布 广泛分布于印度－太平洋珊瑚礁区，在南沙为常见种，生活于多种珊瑚礁环境，在相对混浊的环境最为常见。

1. 团块状的珊瑚群体
2，3. 长短不一的脊塍

标准厚丝珊瑚 *Pachyseris speciosa*

特征 群体多为叶片状，珊瑚骨骼相对脆弱。表面脊塍形成同心环的纹路，脊塍间的谷深。生活群体常为褐色或黄色。

分布 广泛分布于印度－太平洋珊瑚礁区，在南沙为常见种，生活于多种珊瑚礁环境，在相对混浊、隐蔽的环境最为常见。

1. 脊塍的细微结构
2. 珊瑚骨骼
3. 叶片状的珊瑚群体

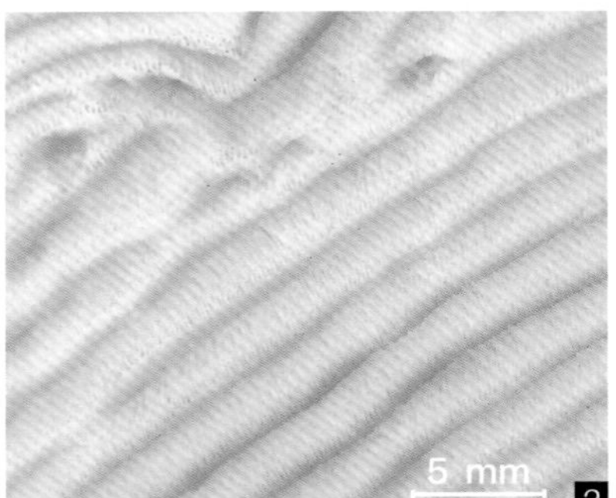

07 石芝珊瑚科 Fungiidae

石芝珊瑚科的珊瑚包括单体型和群体型两大生长类型，其中大多数呈单体型。其幼体常附在基底之上，成体可脱离基底营自由生活。本科的珊瑚大多可利用触手不同程度地移动。常见的属有石芝珊瑚属 *Fungia*、梳石芝珊瑚属 *Ctenactis*、绕石珊瑚属 *Herpolitha*、履形珊瑚属 *Sandalolitha* 等。

Fungia corona

特征 珊瑚体近似圆形，自由生活，上表面外凸，中央口沟处拱不明显；隔片大小明显不一，隔片上的齿大，且明显加厚。

分布 广泛分布于印度－太平洋珊瑚礁区，在南沙为少见种，一般生活于珊瑚礁礁坡或潟湖环境。

1. 珊瑚单体正面

圆结石芝珊瑚 *Fungia danai*

特征 珊瑚体圆形，自由生活，中央口沟处隆起；高矮、长短隔片相间排列，隔片直，在齿顶端呈圆结状或尖状。生活群体常为黄色或褐色。

分布 广泛分布于印度－太平洋珊瑚礁区，在南沙为常见种，常生活于珊瑚礁礁坡或潟湖环境。

1. 珊瑚单体正面

多刺石芝珊瑚 *Fungia horrida*

特征 珊瑚体圆形，自由生活，口沟处常隆起；隔片平直，齿大而不规则，底部肋片大小不一，且长有短而钝的棘。生活个体常为褐色。

分布 广泛分布于印度 – 太平洋珊瑚礁区，在南沙为常见种，常生活于珊瑚礁礁坡或潟湖环境。

1. 珊瑚单体正面

稻粒石芝珊瑚 *Fungia klunzingeri*

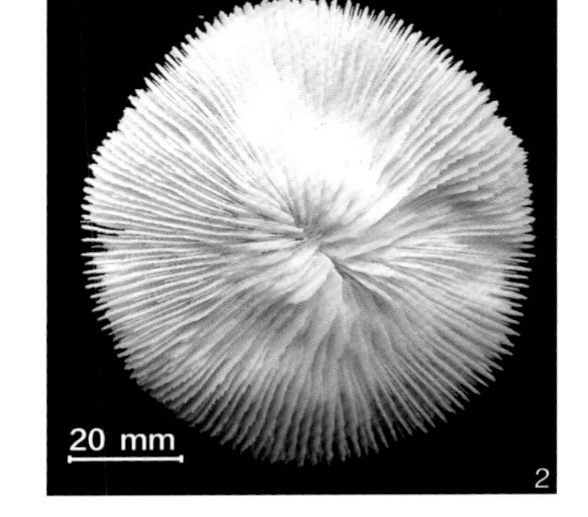

特征 珊瑚体圆形，自由生活，扁平状或中央口沟处隆起；隔片大小差异明显，具规则的三角形齿突，肋片间距较大。生活个体常为褐色。

分布 广泛分布于印度－太平洋珊瑚礁区，在南沙为少见种，一般生活于珊瑚礁礁坡或潟湖环境。

1. 珊瑚单体正面
2. 珊瑚骨骼

石芝珊瑚 ***Fungia fungites***

特征 珊瑚体圆形，自由生活，上表面外凸，中央口沟短而深；隔片多而密集，齿小而尖，常为三角形。生活个体常为褐色。

分布 广泛分布于印度－太平洋珊瑚礁区，在南沙为常见种，常生活于珊瑚礁礁坡或潟湖环境。

1，2. 珊瑚单体正面
3. 珊瑚骨骼

弯石芝珊瑚 *Fungia repanda*

特征 珊瑚体圆形或近圆形，自由生活，中央口沟处常隆起；隔片数多，几乎一样高，分布均匀，隔片上齿小，但清晰可见。生活个体常为黄色或褐色。

分布 广泛分布于印度－太平洋珊瑚礁区，在南沙为常见种，常生活于珊瑚礁礁坡或潟湖环境。

1. 珊瑚骨骼
2. 珊瑚单体正面

颗粒石芝珊瑚 *Fungia granulosa*

特征 珊瑚体圆形，自由生活，中央口沟部分多隆起，且狭长；隔片密集且相对较厚，呈波浪状，边缘有细小粒状或三角形的小齿突。生活个体常为褐色。

分布 广泛分布于印度–太平洋珊瑚礁区，在南沙为常见种，常生活于珊瑚礁礁坡或潟湖环境。

1. 珊瑚单体正面

楯形石芝珊瑚 *Fungia scutaria*

特征 珊瑚体椭圆形，自由生活，狭长或略弯曲的中央口沟略微隆起；隔片多，呈波浪状，隔片间有膨大的明显高出其他隔片的角锥形的突起。生活个体常为褐色。

分布 广泛分布于印度－太平洋珊瑚礁区，在南沙为常见种，可生活于波浪强劲的珊瑚礁礁坡上段。

相似种 与波莫特石芝珊瑚较为相似，但波莫特石芝珊瑚隔片间没有膨大呈角锥形的突起。

1. 正在分裂的珊瑚
2. 珊瑚骨骼
3. 珊瑚单体正面

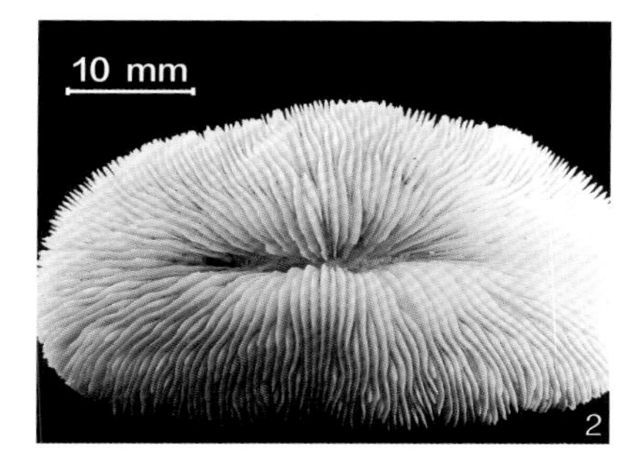

波莫特石芝珊瑚 *Fungia paumotensis*

特征 珊瑚体椭圆形，自由生活，中央口沟略微隆起，其两侧大致平行；隔片排列松散，常具有不规则的齿突，无触手耳垂形成。生活个体常为褐色。

分布 广泛分布于印度－太平洋珊瑚礁区，在南沙为常见种，常生活于珊瑚礁礁坡或潟湖环境。

1，3. 椭圆形的珊瑚体
2. 珊瑚骨骼

厚实梳石芝珊瑚 *Ctenactis crassa*

特征 珊瑚体为厚实的狭长形，自由生活，最大个体长可达 50 cm，常具多个口；隔片致密，边缘齿突多为三角形。生活个体常为褐色。

分布 广泛分布于印度 - 太平洋珊瑚礁区，在南沙为少见种，一般生活于珊瑚礁外礁坡或潟湖环境。

相似种 与刺梳石芝珊瑚较为相似，但刺梳石芝珊瑚仅有一条口沟，且边缘形成突起的齿呈裂片状。

1，2. 狭长形的珊瑚体

刺梳石芝珊瑚 *Ctenactis echinata*

特征 珊瑚体为长履形，自由生活，最大个体长达50 cm，常具一条中央口沟；初生隔片明显突出，次生隔片小，大多不具齿突。生活体常为褐色。

分布 广泛分布于印度–太平洋珊瑚礁区，在南沙为少见种，常生活于珊瑚礁外礁坡或潟湖环境。

1. 长履形的珊瑚体
2. 珊瑚体表面结构

绕石珊瑚 *Herpolitha limax*

特征 珊瑚体为长梭形，自由生活，中央略拱起，具多条口沟，中央有一线形口道中心沟，群体会形成分叉，使外形似字母 Y、T、X 或呈星星形。生活体常为褐色或绿色。

分布 广泛分布于印度 – 太平洋珊瑚礁区，在南沙为常见种，常生活于珊瑚礁外礁坡或潟湖环境。

1. 长梭形的珊瑚体
2. 珊瑚骨骼
3.Y 形的珊瑚体

1

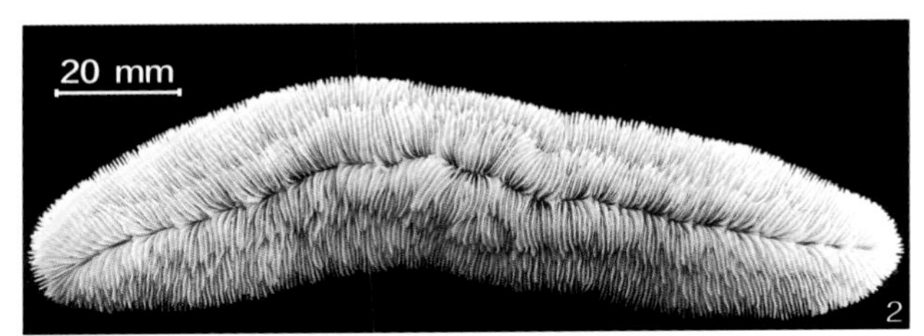

2

3

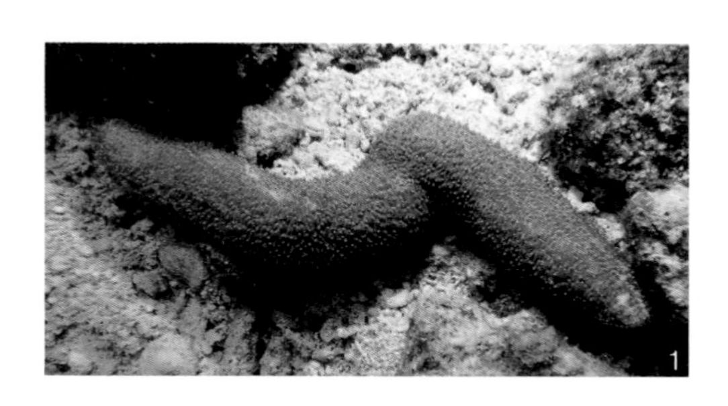

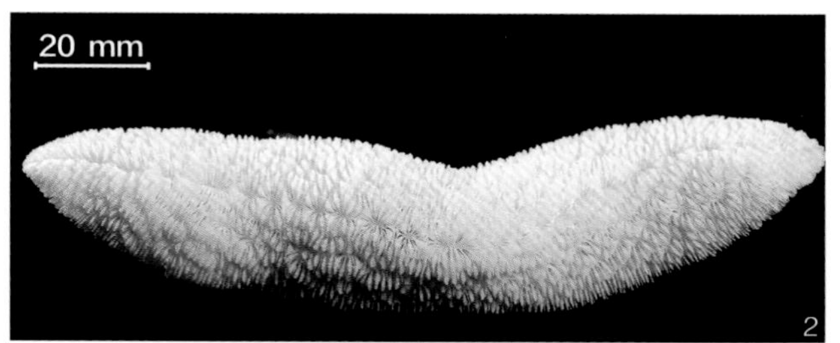

多叶珊瑚 *Polyphyllia talpina*

特征 珊瑚体为长形、尖梭形或弓草鞋形，自由生活，主轴上没有明显的口沟；触手多而长，日间常伸出，尖端具白点。生活体常为绿色、灰色或褐色。

分布 广泛分布于印度－太平洋珊瑚礁区，在南沙为少见种，一般生活于珊瑚礁外礁坡。

1. 尖梭形的珊瑚体
2. 珊瑚骨骼
3. 长形的珊瑚体

健壮履形珊瑚 *Sandalolitha robusta*

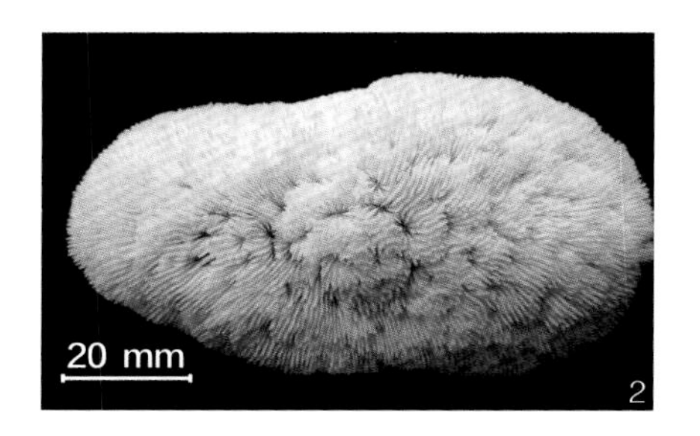

特征 珊瑚体为椭圆形或近似圆形，侧面为圆顶形，单体自由生活，大型个体的中心难以分辨，小型个体具明显的中心；隔片高度差异较小，隔片边缘具有裂片状的齿突，触手仅于夜间伸出。生活体常为绿褐色或褐色。

分布 广泛分布于印度－太平洋珊瑚礁区，在南沙为常见种，生活于珊瑚礁各种环境。

1. 椭圆形的珊瑚体
2. 珊瑚骨骼

锯齿履形珊瑚 *Sandalolitha dentata*

特征 珊瑚体不规则，常为扁平状，自由生活，中央口较大，其余较小的次生口多聚集在中央口及中轴附近；隔片高度不一，具尖锐且延长的齿突。生活个体常为褐色，珊瑚杯中心常为白色。

分布 广泛分布于印度－太平洋珊瑚礁区，在南沙为少见种，一般生活于隐蔽的深水珊瑚礁环境。

1. 扁平状的珊瑚体

小帽状珊瑚 *Halomitra pileus*

特征 珊瑚体常为近圆形或圆钟形，自由生活，无中心穴，隔片齿为规则尖刺。生活个体常为褐色，边缘有一圈紫色。

分布 广泛分布于印度－太平洋珊瑚礁区，在南沙为少见种，一般生活于珊瑚礁礁坡中下部或潟湖环境。

1，2. 圆钟形的珊瑚体

波状石叶珊瑚 *Lithophyllon undulatum*

特征 群体常为皮壳状，珊瑚体无孔，隔片－珊瑚肋薄而突出。生活群体常为深绿色或黄色。

分布 广泛分布于印度－太平洋珊瑚礁区，在南沙为少见种，一般附着于珊瑚礁岩石基质。

1. 皮壳状的珊瑚群体

08 梳状珊瑚科 Pectiniidae

梳状珊瑚科的珊瑚为群体型种类，珊瑚骨骼均较薄，珊瑚体常缺乏完整的壁，隔片上具不规则的齿突，珊瑚肋常发育发达，共骨上无特征性结构。常见的珊瑚属有刺叶珊瑚属 *Echinophyllia*、梳状珊瑚属 *Pectinia* 等。

多刺刺叶珊瑚 *Echinophyllia echinata*

特征 群体呈薄而扁平的叶片状。中央具有一大而明显的珊瑚杯，隔片厚而突出，周围的珊瑚杯凹陷比较浅，开口向边缘倾斜。生活群体常为褐色或红色。

分布 广泛分布于印度－太平洋珊瑚礁区，在南沙为少见种，一般生活于隐蔽的珊瑚礁环境。

1. 叶片状的珊瑚群体

莴苣梳状珊瑚 *Pectinia lactuca*

特征 群体常为团块状或厚板叶状，谷弯曲而连续，深度可达 4 cm。脊塍薄而脆，隔片常无齿、无颗粒。生活群体常为灰色、褐色或绿色。

分布 广泛分布于印度 – 太平洋珊瑚礁区，在南沙为常见种，生活于珊瑚礁各类环境。

1，3. 厚板叶状的珊瑚群体
2. 珊瑚骨骼

09 裸肋珊瑚科 Merulinidae

裸肋珊瑚科的珊瑚为群体生长类型，珊瑚骨骼结构与蜂巢珊瑚相似，但其高度融合，围栅瓣不发育，谷浅或扩展成扇形，或扭曲成扇形。常见的珊瑚属有刺柄珊瑚属 *Hydnophora*、裸肋珊瑚属 *Merulina* 等。

硬刺柄珊瑚 *Hydnophora rigida*

特征 群体为树丛状，分枝大小及形态多样，顶端呈钝形或稍偏扁尖，分枝末梢小丘发育不明显，但其之间存在深浅、宽窄不一的谷。生活群体常为黄色或绿色。

分布 广泛分布于印度－太平洋珊瑚礁区，在南沙为常见种，常生活于海流平缓或较为隐蔽的礁坡或潟湖环境。

1，4. 树丛状的珊瑚群体

2. 分枝群体的细微结构

3. 珊瑚骨骼

腐蚀刺柄珊瑚 *Hydnophora exesa*

特征　群体常为皮壳状、团块状等多种形态，表面形成密集的、不规则的锥形或小丘，且相对较大而明显。生活群体常为褐色或绿色。

分布　广泛分布于印度 – 太平洋珊瑚礁区，在南沙为少见种，生活于珊瑚礁多种环境。

相似种　与小角刺柄珊瑚较为相似，但小角刺柄珊瑚的锥突相对较小，且排列整齐。

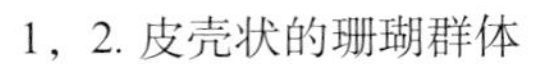

1，2. 皮壳状的珊瑚群体
3. 珊瑚骨骼

小角刺柄珊瑚 *Hydnophora microconos*

特征　群体常呈团块状，表面发育形成锥形突起，锥突从上方看呈星形，锥突相对较小。生活群体常为褐色或绿色。

分布　广泛分布于印度－太平洋珊瑚礁区，在南沙为常见种，常生活于较为隐蔽的珊瑚礁礁坡或潟湖环境。

1. 锥形突起的珊瑚群体表面
2. 珊瑚骨骼
3. 团块状的珊瑚群体

粗裸肋珊瑚 *Merulina scabricula*

特征 群体常呈薄而不规则的叶状，表面常形成直立的、偏扁平的分枝，分枝短而阔，可交互愈合，顶端呈二分叉扇形，非珊瑚体表面脊塍之间的谷不连续。生活群体常为灰褐色。

分布 广泛分布于印度－太平洋珊瑚礁区，在南沙为少见种，生活于珊瑚礁各类环境。

相似种 与阔裸肋珊瑚较为相似，但阔裸肋珊瑚群体骨骼厚实，非珊瑚体表面脊塍之间的谷连续。

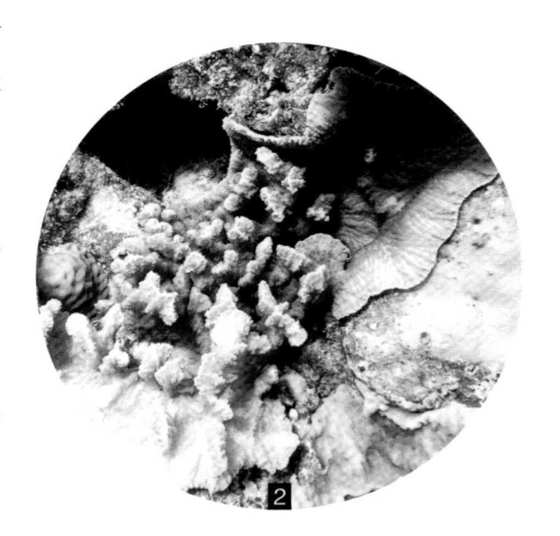

1，2. 叶状的珊瑚群体

阔裸肋珊瑚 *Merulina ampliata*

特征　群体常为皮壳状或水平板叶状，表面中心常有大小不等的小叶片扭曲形成耳状突起，非珊瑚体表面脊塍之间的谷连续。生活群体常为黄褐色。

分布　广泛分布于印度 – 太平洋珊瑚礁区，在南沙为常见种，生活于珊瑚礁多种环境。

1. 群体表面细微结构
2. 珊瑚骨骼
3. 皮壳状的珊瑚群体

10 木珊瑚科 Dendrophylliidae

木珊瑚科的珊瑚为群体生长类型，通常呈叶形或厚的板叶形，珊瑚杯壁厚，珊瑚杯间的共骨为多孔状。该科的珊瑚多生活于水质混浊的海域。常见的珊瑚属有陀螺珊瑚属 *Turbinaria* 等。

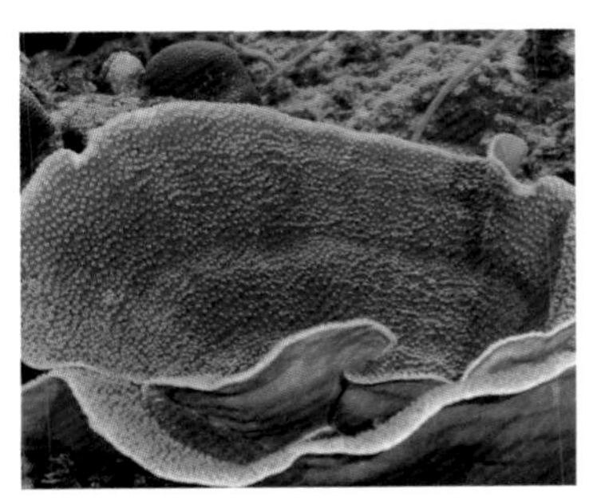

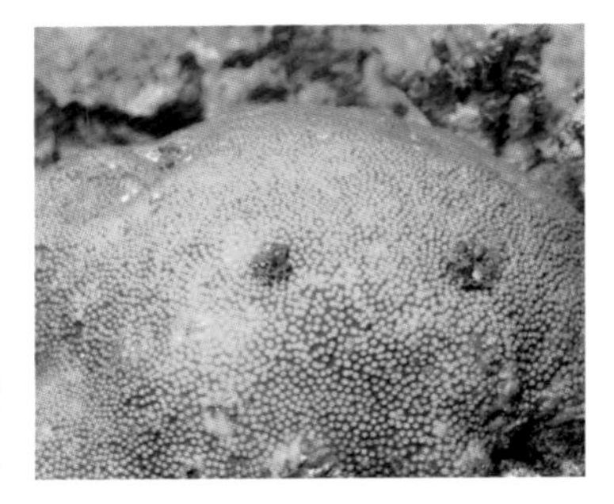

皱折陀螺珊瑚 *Turbinaria mesenterina*

特征 群体常为板叶状，叶片大部分直立，甚至螺旋式发育卷成圆筒形。珊瑚杯多数为矮半球状，排列紧密。生活群体常为灰褐色或灰绿色。

分布 广泛分布于印度－太平洋珊瑚礁区，在南沙为少见种。生活于珊瑚礁多种环境，在混浊的浅水区域常可见，并为优势种。

1. 圆筒形的珊瑚群体
2. 矮半球状的珊瑚杯
3. 珊瑚骨骼

盾形陀螺珊瑚 *Turbinaria peltata*

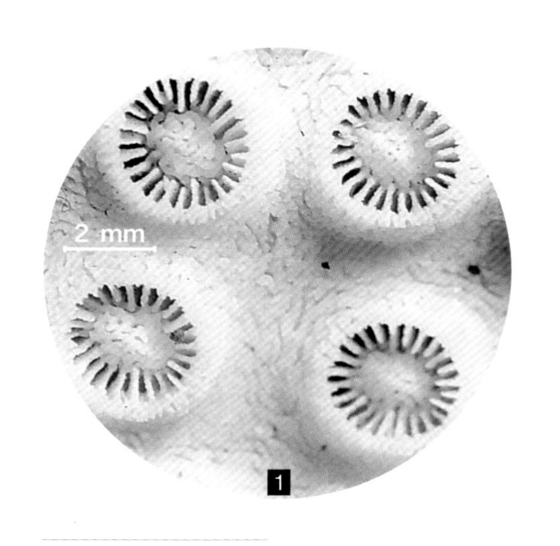

特征 群体为扁平的板叶状、杯状或不规则漏斗状，通常以柄固着在礁石上。珊瑚杯较大且横截面呈圆形，杯开口向边缘倾斜，触手常于日间伸出。生活群体常为褐色。

分布 广泛分布于印度－太平洋珊瑚礁区，在南沙为少见种，生活于珊瑚礁混浊的浅水环境。

1. 珊瑚骨骼
2. 漏斗状的珊瑚群体

小星陀螺珊瑚 *Turbinaria stellulata*

特征 群体为皮壳状。珊瑚杯为粗的圆锥形，突出，开口大。生活群体常为黄绿色或褐色。

分布 广泛分布于印度－太平洋珊瑚礁区，在南沙为少见种，生活于珊瑚礁多种环境。

1，3. 皮壳状的珊瑚群体
2. 珊瑚骨骼

11 丁香珊瑚科 Caryophylliidae

丁香珊瑚科的珊瑚多为群体型，隔片大而突出，排列疏松，边缘平滑，珊瑚虫触手形态独特。常见的属有真叶珊瑚属 *Euphyllia*、泡囊珊瑚属 *Plerogyra*、泡纹珊瑚属 *Physogyra* 等。

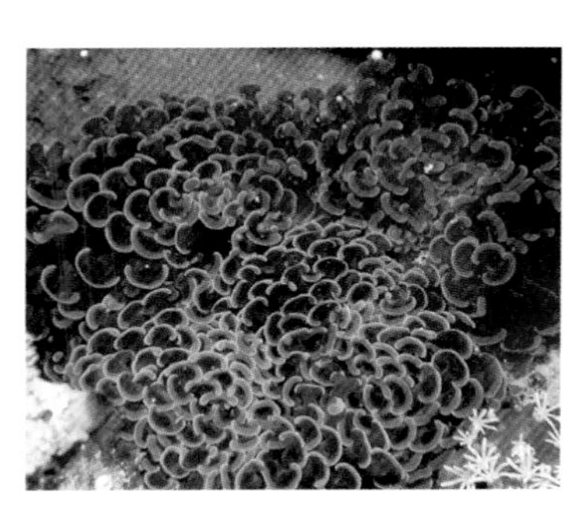

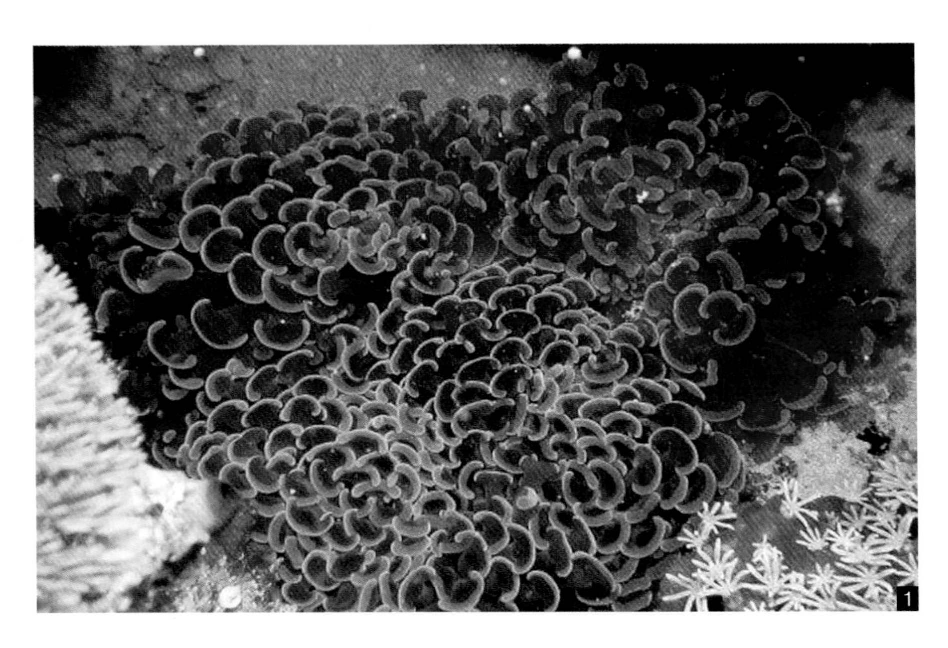

肾形真叶珊瑚 *Euphyllia ancora*

特征 群体呈扇－沟回形。珊瑚隔片排列规则，边缘平滑或具有细小齿突；触手长而密集，顶端膨大呈肾形或新月形，并且向内弯曲。生活群体常为灰色。

分布 广泛分布于印度－太平洋珊瑚礁区，在南沙为少见种，一般生活于中等水流强度的浅水环境。

1，2. 表面布满肾形泡囊的珊瑚群体
3. 珊瑚骨骼

泡囊珊瑚 *Plerogyra sinuosa*

特征 群体为笙形到扇－沟回形。隔片大且间距宽，边缘光滑而突出，触手泡囊状。生活群体因触手伸出而呈灰色或淡绿色。

分布 广泛分布于印度－太平洋珊瑚礁区，在南沙为常见种，常生活于珊瑚礁隐蔽的环境，可在混浊的水体环境中生长。

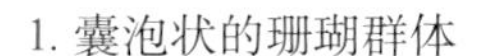

1. 囊泡状的珊瑚群体
2. 笙形到扇－沟回形的珊瑚群体
3. 珊瑚骨骼

轻巧泡纹珊瑚 *Physogyra lichtensteini*

特征 群体常为团块状，呈沟回形。隔片大而突出，间距宽，白天珊瑚群体表面被葡萄状的囊泡覆盖。生活群体常为灰色。

分布 广泛分布于印度－太平洋珊瑚礁区，在南沙为常见种，常生活于珊瑚礁隐蔽的环境，可在混浊的水体环境中生长。

1. 群体表面细微结构
2. 团块状的珊瑚群体

12 褶叶珊瑚科 Mussidae

褶叶珊瑚科的珊瑚多为群体型种类，珊瑚体隔片上方具尖锐的齿状突起，珊瑚体的肉质肥厚，珊瑚虫触手多而明显。常见的珊瑚属有棘星珊瑚属 *Acanthastrea*、叶状珊瑚属 *Lobophyllia*、合叶珊瑚属 *Symphyllia* 等。

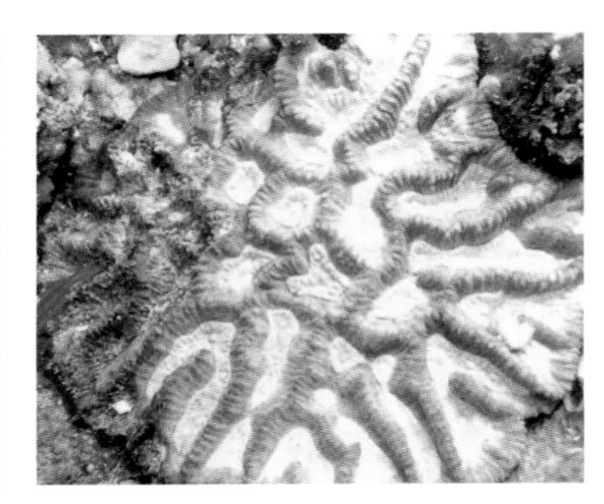

大棘星珊瑚 *Acanthastrea echinata*

特征 群体常为团块状。珊瑚杯横截面常为圆形或近圆形，壁厚，隔片上具小棘。珊瑚虫收缩时形成同心圆状皱褶。生活群体常为绿色、灰色或褐色。

分布 广泛分布于印度－太平洋珊瑚礁区，在南沙为少见种，生活于珊瑚礁多种环境。

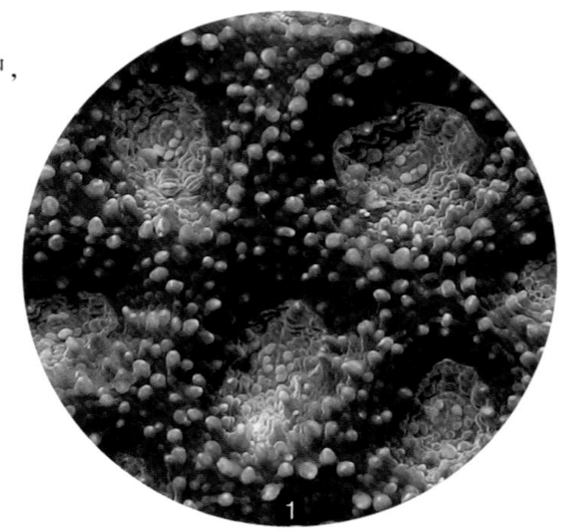

1. 珊瑚杯细微结构
2. 团块状的珊瑚群体

伞房叶状珊瑚 *Lobophyllia corymbosa*

特征 群体常为半球状，谷短且不连续，珊瑚杯排列成栅形，每一栅形分枝具 1~3 个中心；主要隔片厚，上有长而钝的齿突，次要隔片小而薄。生活群体常为棕绿色或灰色。

分布 广泛分布于印度 – 太平洋珊瑚礁区，在南沙为常见种，生活于珊瑚礁浅水环境。

1，2. 半球状的珊瑚群体
3. 珊瑚骨骼

赫氏叶状珊瑚 *Lobophyllia hemprichii*

特征 群体常为半球状，谷长，珊瑚杯排列成栅形，每一栅形分枝具 1 个至 10 多个中心；主要隔片厚，上有不规则的齿突，次要隔片小而薄。生活群体常为褐色、蓝色或绿色，珊瑚杯中央与周围颜色可能明显不同。

分布 广泛分布于印度 – 太平洋珊瑚礁区，在南沙为常见种，生活于珊瑚礁浅水环境。

1，2. 半球状的珊瑚群体

3. 珊瑚骨骼

华贵合叶珊瑚 *Symphyllia recta*

特征 群体常为半球状,谷不规则弯曲,不连续,宽度相对较窄（12~15 mm），脊塍上有漕；主要隔片与次要隔片交替排列，主要隔片上具大而尖的齿突，次要隔片薄而有细齿突。生活群体常为绿色或褐色。谷的宽度和脊塍上是否存在漕沟是区别该属种类的重要特征。

分布 广泛分布于印度－太平洋珊瑚礁区，在南沙为常见种，一般生活于珊瑚礁礁坡上段。

1，3. 半球状的珊瑚群体
2. 珊瑚骨骼

辐射合叶珊瑚 *Symphyllia radians*

特征 群体常为半球状，谷长短不一，纵横交错，宽度相对较宽（20~25 mm），脊塍上有漕；隔片不规则排列，边缘具大的齿突。生活群体常为褐色、绿色或红色。

分布 广泛分布于印度－太平洋珊瑚礁区，在南沙为少见种，一般生活于珊瑚礁礁坡上段。

1. 半球状的珊瑚群体

菌状合叶珊瑚 *Symphyllia agaricia*

特征 群体常为半球状，谷不规则弯曲且不连续，宽度相对较宽，约35 mm，脊塍上无漕；隔片厚薄不一，边缘密布粗大的齿突。生活群体常为褐色或红色。

分布 广泛分布于印度－太平洋珊瑚礁区，在南沙为常见种，一般生活于珊瑚礁礁坡上段。

1，3. 半球状的珊瑚群体
2. 珊瑚骨骼

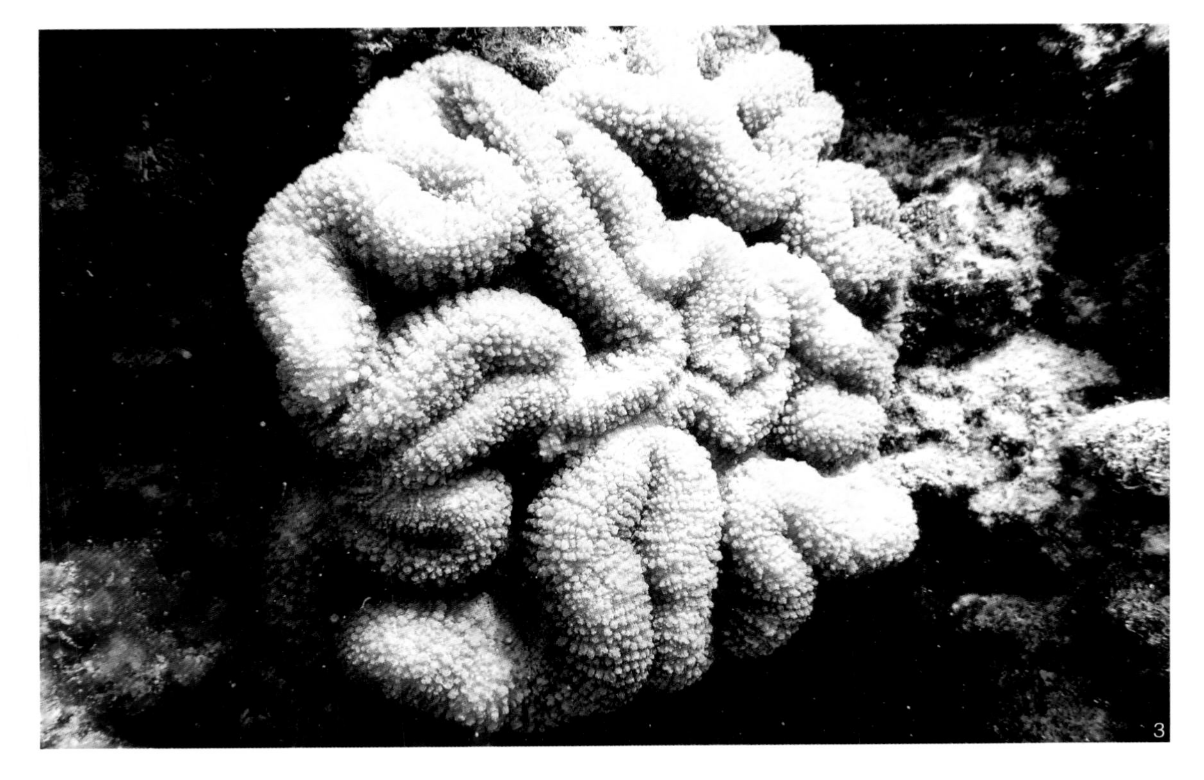

华伦合叶珊瑚 *Symphyllia valenciennesii*

特征 群体常为平铺的厚板叶状，谷宽度相对较宽，约 40 mm，谷从群体中央呈直线辐射状向边缘延伸，群体边缘的谷非常宽且平。

分布 广泛分布于印度－太平洋珊瑚礁区，在南沙为偶见种，一般生活于珊瑚礁隐蔽的礁坡下段环境。

1. 厚板叶状的珊瑚群体
2. 珊瑚骨骼

13 蜂巢珊瑚科 Faviidae

蜂巢珊瑚科的珊瑚为群体生长类型。该科包含的属的数量在石珊瑚中最多，珊瑚种类数量也仅次于鹿角珊瑚科。珊瑚群体形态多样。该科珊瑚的隔片、围栅瓣、轴柱和珊瑚壁构造都相似，隔片结构简单，轴柱由隔片内缘的齿缠而成，珊瑚壁由隔片加厚或交联而形成。常见的珊瑚属有干星珊瑚属 *Caulastrea*、蜂巢珊瑚属 *Favia*、角蜂巢属 Favites 和菊花珊瑚属 *Goniastrea* 等。

叉干星珊瑚 *Caulastrea furcata*

特征 群体常分枝成笙形，顶端稍膨大。珊瑚杯横截面为圆形或椭圆形，肉质多；隔片厚而突出，边缘具不规则齿突。生活群体常为绿色或褐色。

分布 广泛分布于印度－太平洋珊瑚礁区，在南沙为少见种，一般生活于隐蔽的底质为沙的礁坡环境。

1，4. 笙形分枝的珊瑚群体
2，3. 珊瑚骨骼

带刺蜂巢珊瑚 *Favia stelligera*

特征 群体常为团块状。珊瑚杯小，均匀分布；具两轮隔片，隔片突出且较厚。生活群体常为绿色或褐色。

1，2. 团块状的珊瑚群体
3. 珊瑚杯细微结构
4. 珊瑚骨骼

分布 广泛分布于印度－太平洋珊瑚礁区，在南沙为常见种，常生活于海流强的珊瑚礁浅水环境。

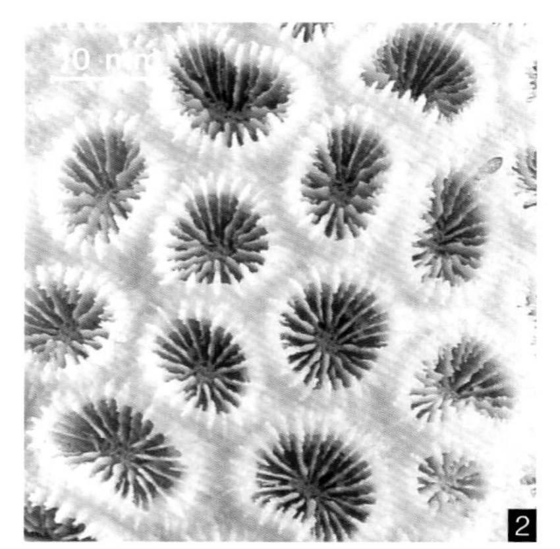

翘齿蜂巢珊瑚 *Favia matthaii*

特征 群体常为团块状或半球状。珊瑚杯横截面为圆形或椭圆形，隔片两侧有颗粒，边缘有 4~6 个向上翘的齿，珊瑚杯上缘的隔片鼓起变厚。生活群体常为褐色。

分布 广泛分布于印度 – 太平洋珊瑚礁区，在南沙为常见种，常生活于珊瑚礁的礁坡上段。

1. 团块状的珊瑚群体
2. 珊瑚骨骼

标准蜂巢珊瑚 *Favia speciosa*

特征 群体常为团块状或半球状。珊瑚杯横截面为不规则多边形，或近似圆形，大小较一致；隔片细又多，规则而密集。生活群体常为淡黄色或绿色。

分布 广泛分布于印度－太平洋珊瑚礁区，在南沙为常见种，生活于珊瑚礁多种环境。

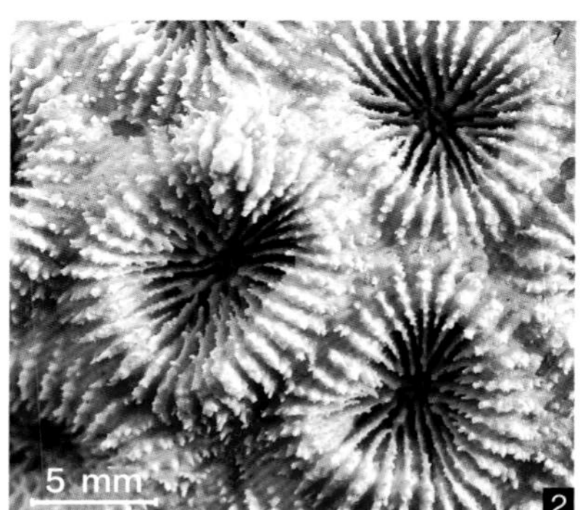

1. 横截面近似圆形的珊瑚杯细微结构
2. 珊瑚骨骼
3. 团块状的珊瑚群体

圈纹蜂巢珊瑚 *Favia pallida*

特征 群体常为团块状或半球状。珊瑚杯横截面为圆形或拥挤成不规则形状；隔片排列较疏松，上有均匀而短的齿突，第一轮隔片常更突出。生活群体常为淡黄色或绿色。

分布 广泛分布于印度－太平洋珊瑚礁区，在南沙为常见种，生活于珊瑚礁多种环境。

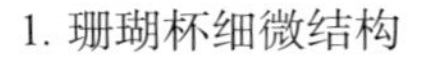

1. 珊瑚杯细微结构
2. 珊瑚骨骼
3. 半球状的珊瑚群体

黄癣蜂巢珊瑚 *Favia favus*

特征 群体常为团块状或半球状。珊瑚杯大，横截面常为圆形，直径为 10~20 mm，杯深；隔片排列不规则，有延长并向内倾斜的齿突。生活群体常为褐色、夹杂灰色。

分布 广泛分布于印度 – 太平洋珊瑚礁区，在南沙为常见种，生活于珊瑚礁各种环境。

1. 横截面为圆形的珊瑚杯
2. 团块状的珊瑚群体

大蜂巢珊瑚 *Favia maxima*

特征 群体常为团块状或半球状。珊瑚杯大，横截面常为圆形，直径为 20~30 mm，杯深；隔片生长规律，在珊瑚杯壁处增厚，且均匀发育。生活群体常为褐色或黄色，珊瑚杯口道处常有白色。

分布 广泛分布于印度 – 太平洋珊瑚礁区，在南沙为常见种，常生活于珊瑚礁礁坡上段。

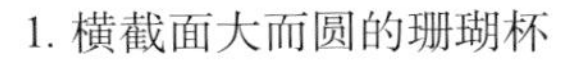

1. 横截面大而圆的珊瑚杯
2. 团块状的珊瑚群体

越南蜂巢珊瑚 *Favia vietnamensis*

特征 群体常为团块状。珊瑚杯大，形状不规则，直径可达 15 mm，杯深；隔片两轮交替排列，高度不规则。珊瑚虫多肉质。生活群体常为褐色或绿色等多种颜色，珊瑚杯口道中常有白色。

分布 广泛分布于印度－太平洋珊瑚礁区，在南沙为少见种，一般生活于风浪影响较小的珊瑚礁环境。

1. 团块状的珊瑚群体
2. 大而深的珊瑚杯

美龙氏蜂巢珊瑚 *Favia veroni*

特征 群体常为团块状。珊瑚杯大，形状不规则，排列紧密且相互挤压，直径可达 25 mm，杯深，可凹陷 10 mm。生活群体常为褐色或红色等多种颜色。

分布 广泛分布于印度 – 太平洋珊瑚礁区，在南沙为少见种，一般生活于珊瑚礁礁坡环境。

1. 团块状的珊瑚群体
2. 排列紧密的珊瑚杯

和平芭萝珊瑚 *Barabgattoia amicorum*

特征 群体常为团块状。珊瑚杯横截面为圆形，有些突出成柱状，间隔不均匀。触手仅在夜间伸出。生活群体常为绿色、褐色或淡黄色。

分布 广泛分布于印度－太平洋珊瑚礁区，在南沙为常见种，常生活于水流较缓的礁坡或相对隐蔽的环境。

1. 柱状的珊瑚杯
2. 团块状的珊瑚群体

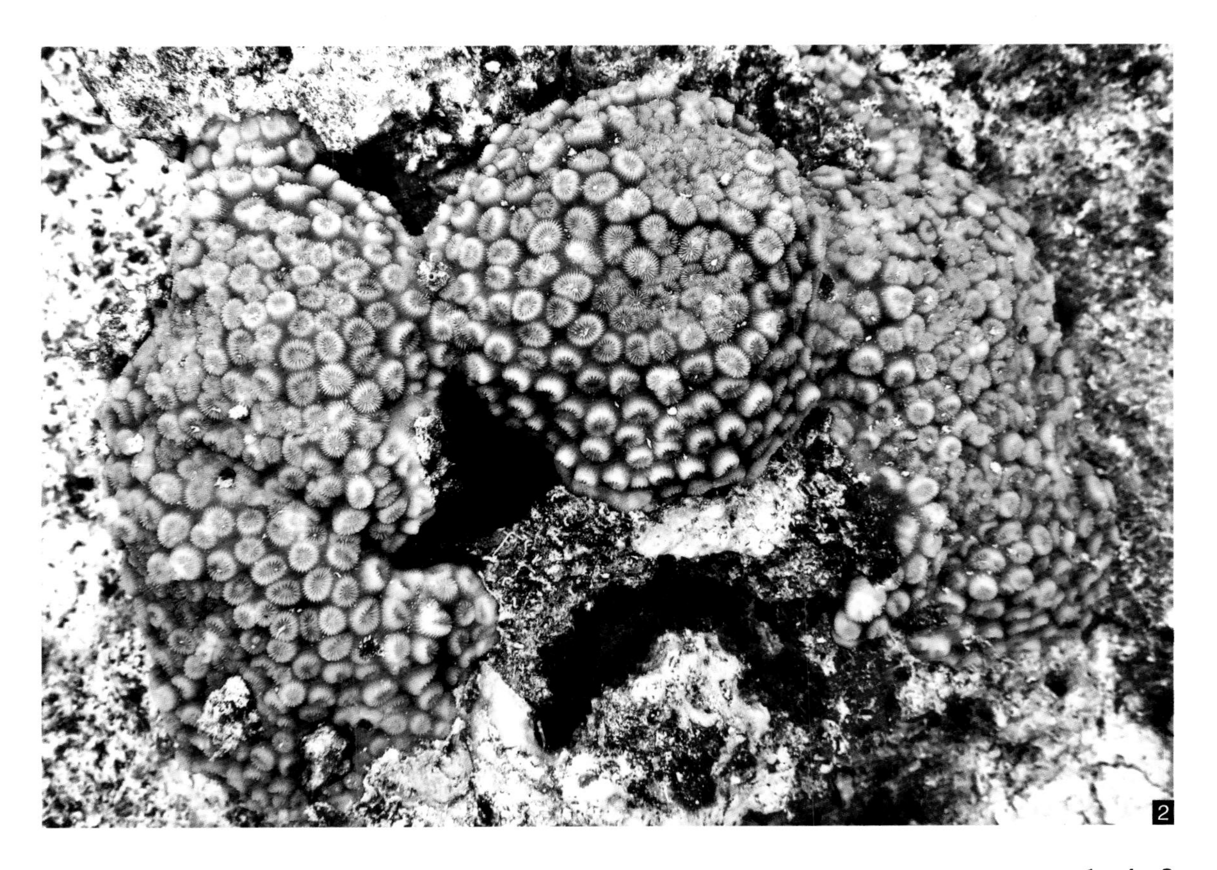

细角蜂巢珊瑚 *Favites stylifera*

特征 群体常为皮壳状或团块状。珊瑚杯小，形态不规则；隔片少且扭曲，上具有不规则齿突。生活群体常为褐色。

分布 广泛分布于印度－太平洋珊瑚礁区，在南沙为常见种，常生活于珊瑚礁礁坡上段。

1，2. 珊瑚杯细微结构
3. 皮壳状的珊瑚群体

小五边角蜂巢珊瑚 *Favites micropentagona*

特征 群体常为皮壳状或团块状。珊瑚杯小，横截面以五边形为主，直径为 3~4 mm；隔片为两轮，交替排列。生活群体常为褐色。

分布 广泛分布于印度－太平洋珊瑚礁区，在南沙为常见种，常生活于珊瑚礁礁坡上段。

1. 皮壳状的珊瑚群体
2. 横截面为五边形的珊瑚杯
3. 珊瑚骨骼

五边角蜂巢珊瑚 *Favites pentagona*

特征 群体常为皮壳状或团块状。珊瑚杯小，横截面以五边形为主，直径为 6 mm 左右；隔片少，两轮隔片长短交替排列。生活群体常为褐色或红色。

分布 广泛分布于印度 – 太平洋珊瑚礁区，在南沙为常见种，常生活于珊瑚礁浅水环境。

1. 横截面为五边形的珊瑚杯
2. 珊瑚骨骼
3. 皮壳状的珊瑚群体

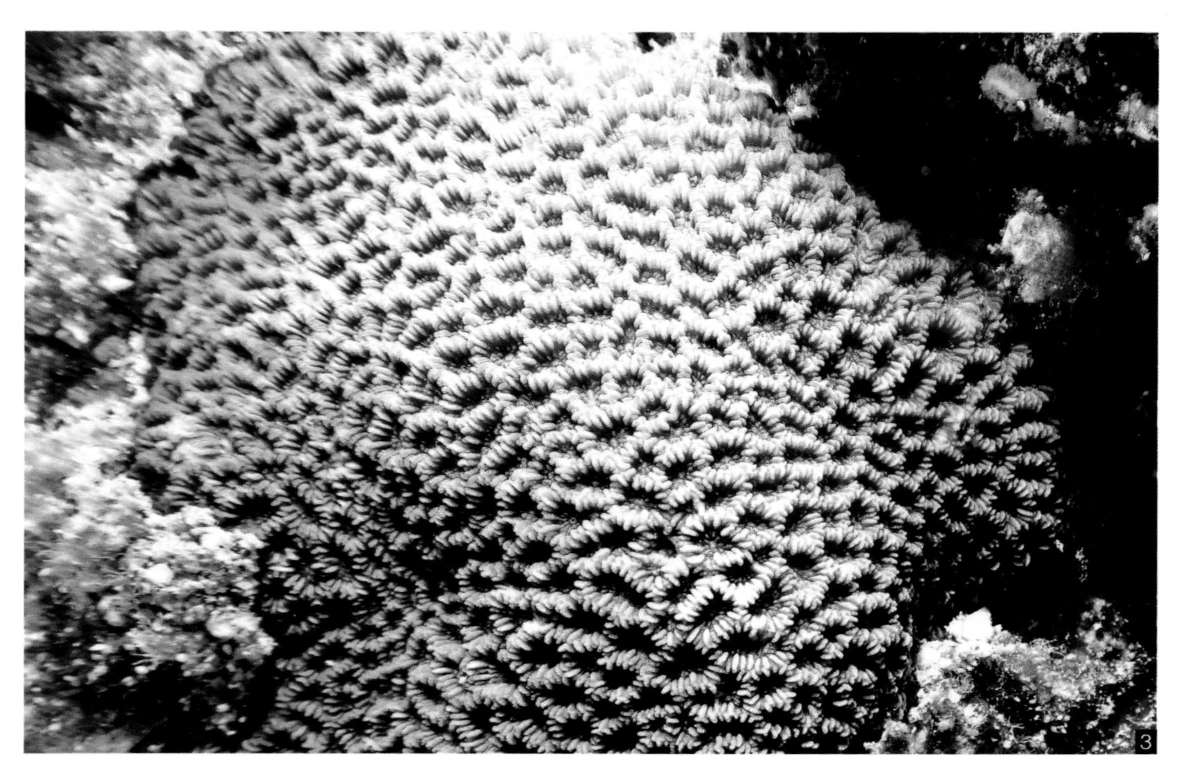

中国角蜂巢珊瑚 *Favites chinensis*

特征 群体常为团块状或皮壳状。珊瑚杯排列紧密，横截面多角形，杯壁薄且相对较大，杯浅；隔片直而均匀，相邻隔片上的齿突对齐，呈同心圆排列。生活群体常为绿褐色或黄色。

分布 广泛分布于印度－太平洋珊瑚礁区，在南沙为少见种，生活于珊瑚礁多种环境。

1. 皮壳状的珊瑚群体

海孔角蜂巢珊瑚 *Favites halicora*

特征 群体常为团块状或皮壳状。珊瑚杯排列紧密，边缘光滑，杯壁厚；隔片排列均匀，边缘具细而规则的齿突。生活群体常为绿褐色或黄褐色。

分布 广泛分布于印度 - 太平洋珊瑚礁区，在南沙为少见种，一般生活于珊瑚礁浅水环境。

1. 珊瑚骨骼
2. 团块状的珊瑚群体

秘密角蜂巢珊瑚 *Favites abdita*

特征 群体常为团块状。珊瑚杯排列紧密，边缘较光滑，珊瑚杯交界处增厚；隔片排列均匀，厚度较一致，边缘具长短不等的齿突。生活群体常为黄色。

分布 广泛分布于印度－太平洋珊瑚礁区，在南沙为常见种，生活于珊瑚礁多种环境。

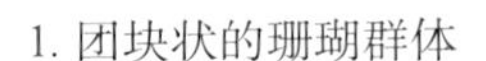

1. 团块状的珊瑚群体
2. 珊瑚杯细微结构
3. 珊瑚骨骼

多弯角蜂巢珊瑚 *Favites flexuosa*

特征　群体常为团块状或皮壳状，表面光滑、齐整且无明显的小丘。珊瑚杯横截面为多角形，杯较深；隔片两轮，交替明显，初生隔片边缘具明显的齿突。生活群体常为褐色或绿色。

分布　广泛分布于印度－太平洋珊瑚礁区，在南沙为少见种，生活于珊瑚礁多种环境。

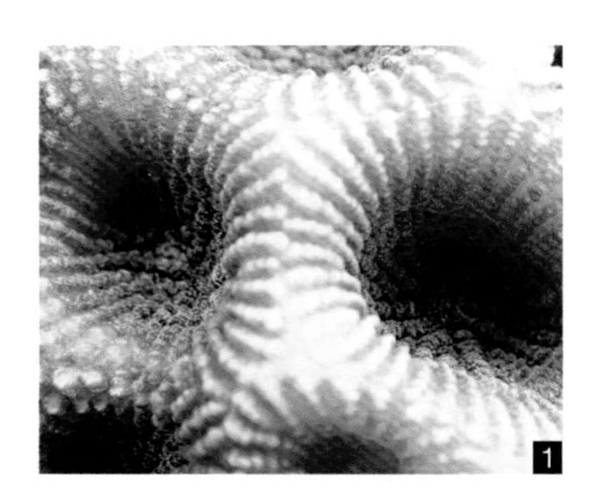

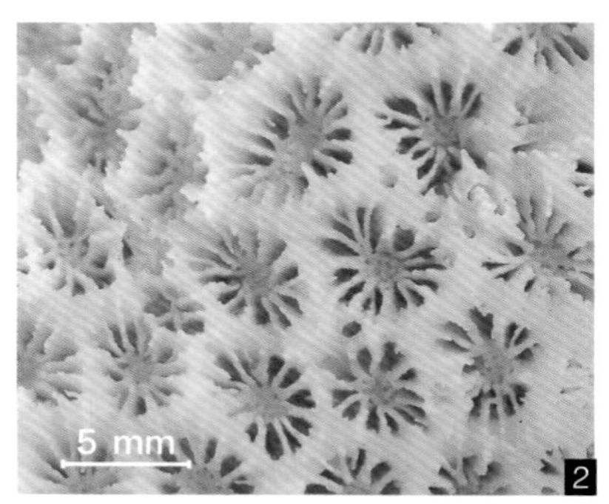

1. 表面光滑的珊瑚杯
2. 珊瑚骨骼
3. 团块状的珊瑚群体

小菊花珊瑚 *Goniastrea minuta*

特征 群体常为皮壳状或团块状。珊瑚杯小，大小均一，横截面多角形，杯壁薄；长、短隔片交替排列。生活群体常为褐色或绿色。珊瑚杯的大小和形态、杯壁厚薄程度是分辨该属种类的重要特征。

分布 广泛分布于印度－太平洋珊瑚礁区，在南沙为少见种，一般生活于珊瑚礁浅水环境。

1. 横截面为多角形的珊瑚杯
2. 团块状的珊瑚群体

艾氏菊花珊瑚 *Goniastrea edwardsi*

特征 群体常为团块状、半球状或柱形。珊瑚杯小，近多角形，杯壁厚；隔片长度不规则，初生隔片突出。生活群体常为褐色或黄色。

分布 广泛分布于印度－太平洋珊瑚礁区，在南沙为常见种，生活于珊瑚礁浅水环境。

相似种 与网状菊花珊瑚相似，但网状菊花珊瑚的珊瑚杯壁和隔片均相对较薄，珊瑚杯形态相对均一，且珊瑚杯相对较小。

1. 团块状的珊瑚群体
2. 珊瑚杯细微结构

网状菊花珊瑚 *Goniastrea retiformis*

特征 群体常为团块状、半球状或柱形。珊瑚杯小，大小均匀，紧密相连，近四至六边形；长、短隔片明显交错排列。生活群体常为褐色或黄色。

分布 广泛分布于印度－太平洋珊瑚礁区，在南沙为常见种，生活于珊瑚礁浅水环境。

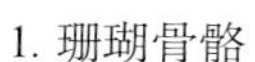

1. 珊瑚骨骼
2. 柱形的珊瑚群体

粗糙菊花珊瑚 *Goniastrea aspera*

特征 群体常为团块状或皮壳状。珊瑚杯相对较大，紧密相连，近四至六边形，杯壁厚；隔片稍微突出，均匀排列或长短交替排列。生活群体常为褐色或黄色。

分布 广泛分布于印度－太平洋珊瑚礁区，在南沙为常见种，常生活于珊瑚礁浅水环境。

1，3. 团块状的珊瑚群体
2. 珊瑚杯细微结构

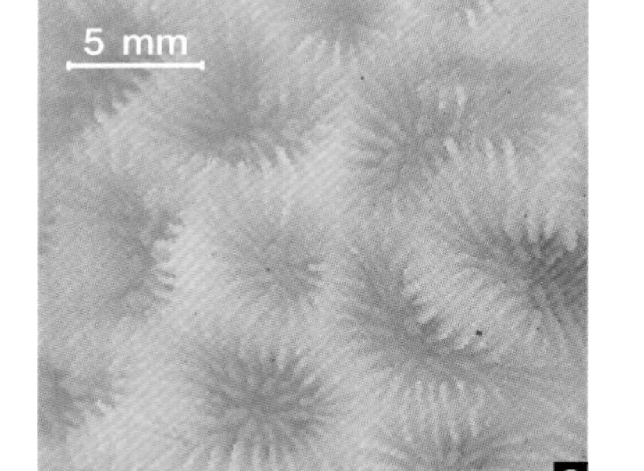

梳状菊花珊瑚 *Goniastrea pectinata*

特征 群体常为团块状或皮壳状。珊瑚杯不规则多边形，并有曲折沟回，珊瑚杯直径约 5 mm，杯壁厚；相邻两珊瑚杯的隔片交替排列，边缘具不规则的细齿突。生活群体常为褐色。

分布 广泛分布于印度－太平洋珊瑚礁区，在南沙为常见种，常生活于珊瑚礁浅水环境。

1. 团块状的珊瑚群体
2. 不规则多边形的珊瑚杯
3. 珊瑚骨骼

小扁脑珊瑚 *Platygyra pini*

特征 群体常为团块状或皮壳状。珊瑚杯弯曲成短谷，具1~2个中心，脊塍厚；隔片常较薄，但排列均匀。生活群体常为褐色。

分布 广泛分布于印度－太平洋珊瑚礁区，在南沙为常见种，常生活于珊瑚礁浅水环境。

1. 短谷状的珊瑚杯
2. 团块状的珊瑚群体

琉球扁脑珊瑚 *Platygyra ryukyuensis*

特征　群体常为团块状。珊瑚杯沟回形，具单个中心的谷，谷相对较短且窄，脊薄。生活群体常为褐色或绿色。

分布　广泛分布于印度－太平洋珊瑚礁区，在南沙为少见种，一般生活于珊瑚礁浅水环境。

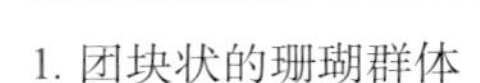

1. 团块状的珊瑚群体
2. 短谷状的珊瑚杯细微结构
3. 珊瑚骨骼

八重山扁脑珊瑚 *Platygyra yaeyamaensis*

特征 群体常为团块状或皮壳状。群体中央的珊瑚杯常为单个中心，谷相对较短且窄，脊塍厚；隔片突出，上具不规则的齿突。颜色常为褐色或奶油色。该种谷的形态和脊塍厚的特征是与本属其他种区别的重要特征。

分布 广泛分布于印度－太平洋珊瑚礁区，在南沙为少见种，生活于珊瑚礁多种环境。

1. 脊塍厚而谷短的珊瑚杯
2. 团块状的珊瑚群体

中华扁脑珊瑚 *Platygyra sinensis*

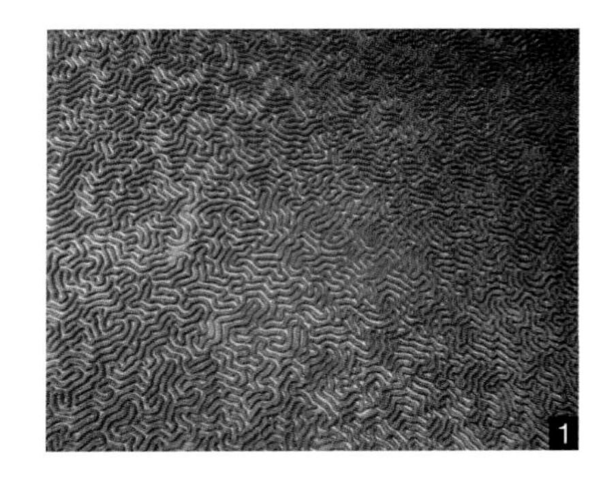

特征　群体常为团块状或半球状。珊瑚杯联合成脑纹形，脊塍薄；隔片薄，仅微突出。生活群体常为多种亮色。

分布　广泛分布于印度－太平洋珊瑚礁区，在南沙为常见种，生活于珊瑚礁多种环境。

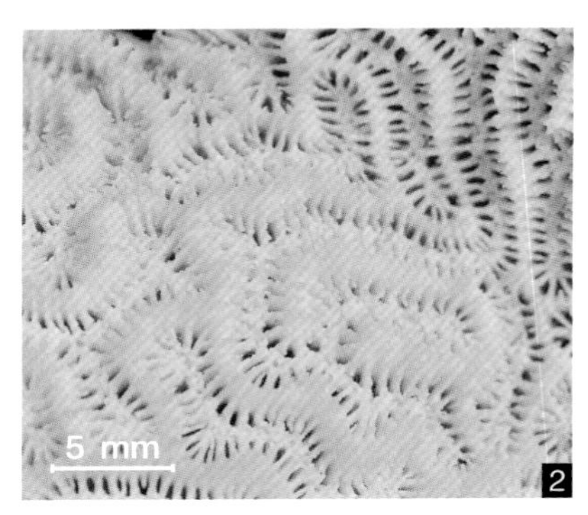

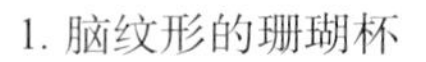

1. 脑纹形的珊瑚杯
2. 珊瑚骨骼
3. 半球状的珊瑚群体

精巧扁脑珊瑚 *Platygyra daedalea*

特征 群体常为团块状或皮壳状。珊瑚杯联合成脑纹形，谷常长，有横截面为圆形的小珊瑚杯，脊塍厚；隔片突出，因具大而明显的齿突而呈粗糙状。生活群体常为黄色等多种颜色。

分布 广泛分布于印度－太平洋珊瑚礁区，在南沙为常见种，生活于珊瑚礁多种环境。

1. 脑纹形的珊瑚杯
2. 珊瑚骨骼
3. 团块状的珊瑚群体

1

2

3

卷曲耳纹珊瑚 *Oulophyllia crispa*

特征 群体常为团块状或半球状。珊瑚杯联合成脑纹形，谷常较宽而短，呈V形，脊塍薄而尖；隔片薄，上具细小的齿突。生活群体常为灰色或绿色。

分布 广泛分布于印度－太平洋珊瑚礁区，在南沙为少见种，生活于珊瑚礁多种环境。

相似种 与李氏耳纹珊瑚较相似，但李氏耳纹珊瑚的谷相对较窄，脊塍相对较厚。

1. 团块状的珊瑚群体

李氏耳纹珊瑚 *Oulophyllia levis*

特征 群体常为团块状或半球状。珊瑚杯联合成脑纹形，谷较窄，呈 V 形，脊塍厚而尖；隔片厚，其上具突出的齿。生活群体常为褐色或绿色。

分布 广泛分布于印度 – 太平洋珊瑚礁区，在南沙为少见种，生活于珊瑚礁多种环境。

1. 团块状的珊瑚群体

贝氏耳纹珊瑚 *Oulophyllia bennettae*

特征 群体常为团块状。珊瑚杯大，横截面呈多角形，有时会延长形成 2~3 个中心，脊塍厚而尖；隔片厚，两轮排列，初生隔片明显，间隔宽，其上具突出的齿。生活群体常为褐色或绿色。该种珊瑚杯的中心少是其区别于本属其他种的重要特征。

分布 广泛分布于印度－太平洋珊瑚礁区，在南沙为少见种，一般生活于珊瑚礁礁坡中下部或潟湖环境中。

1. 团块状的珊瑚群体
2. 珊瑚骨骼

不规则肠珊瑚 *Leptoria irregularis*

特征 群体常为团块状，谷宽 3~4 mm，谷形态不规则，在群体中央的谷多呈弯曲状；隔片排列不规则，其上具明显的小齿突。生活群体常为淡黄色或蓝灰色。

分布 广泛分布于印度 – 太平洋珊瑚礁区，在南沙为常见种，常生活于珊瑚礁礁坡上段。

相似种 与弗利吉亚肠珊瑚较相似，但弗利吉亚肠珊瑚的谷相对较窄，谷和隔片排列相对整齐。

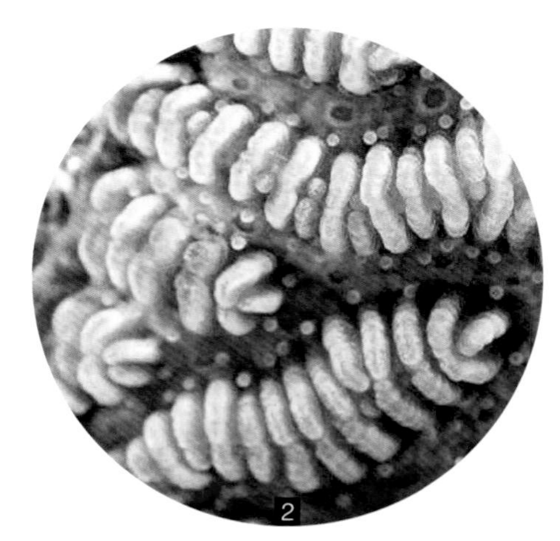

1. 团块状的珊瑚群体
2. 不规则的谷

弗利吉亚肠珊瑚 *Leptoria phrygia*

特征 群体常为团块状，谷宽约 2 mm，谷细长且常具一致的外观和宽度；隔片的长短、排列和间隔也较一致，隔片稍突出，其上具小齿突。生活群体常为淡黄色或褐色。

分布 广泛分布于印度－太平洋珊瑚礁区，在南沙为常见种，生活于珊瑚礁多种环境。

1. 结构整齐的谷
2. 珊瑚骨骼
3. 团块状的珊瑚群体

曲圆菊珊瑚 *Montastrea curta*

特征 群体常为团块状或半球状等多种形态。珊瑚杯多为圆盘形，在该属中相对较小，直径为 3~7mm；隔片 3 轮，长短交错，边缘具明显的齿突。生活群体常为淡黄色或褐色。

分布 广泛分布于印度 – 太平洋珊瑚礁区，在南沙为常见种，常生活于珊瑚礁浅水环境。

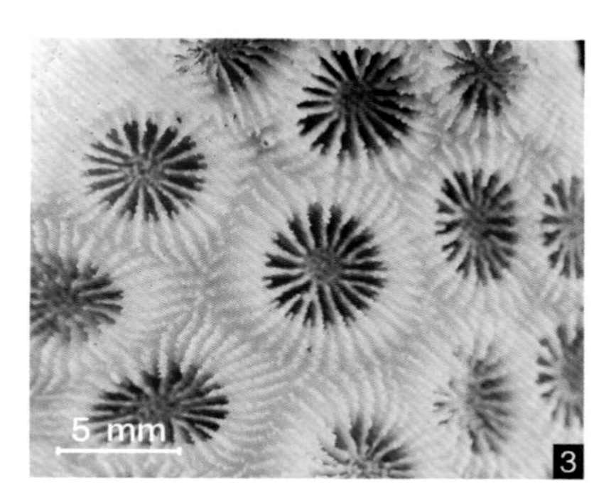

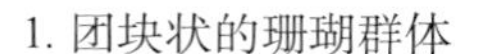

1. 团块状的珊瑚群体
2. 圆盘形的珊瑚杯
3. 珊瑚骨骼

Montastrea colemani

特征 群体常为团块状或皮壳状。珊瑚杯横截面多为圆形，排列紧密，珊瑚杯中等大小，直径为 5~8 mm；两轮隔片交错排列，边缘具明显的齿突。生活群体常为淡黄色或褐色。珊瑚杯的大小、排列紧密程度和珊瑚杯形态是该种区别于本属其他种的重要特征。

分布 广泛分布于印度 – 太平洋珊瑚礁区，在南沙为少见种，生活于珊瑚礁多种环境。

1. 团块状的珊瑚群体
2. 排列紧密的珊瑚杯

华伦圆菊珊瑚 *Montastrea valenciennesi*

特征 群体常为团块状或半球状等多种形态。珊瑚杯横截面为多边形，在该属中相对较大，直径为 8~15 mm；珊瑚杯间的间隙明显，隔片 3 轮，排列较松散且不规则，隔片在杯壁上增厚，第一轮增厚尤其突出，边缘具明显的齿突。生活群体为黄色或褐色等多种颜色。

分布 广泛分布于印度 – 太平洋珊瑚礁区，在南沙为少见种，生活于珊瑚礁多种环境。

相似种 与大圆菊珊瑚较相似，但大圆菊珊瑚的隔片排列相对整齐，间距规则，珊瑚杯形态也有差异。

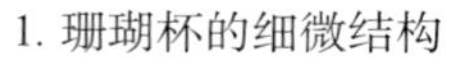

1. 珊瑚杯的细微结构
2. 半球状的珊瑚群体

大圆菊珊瑚*Montastrea mangistellata*

特征 群体常为团块状或半球状等多种形态。珊瑚杯横截面为圆形，在该属中相对较大，直径为 7~15 mm；两轮隔片交替排列，间距规则，初生隔片上具有大而明显的粒状齿突。生活群体为黄色或褐色等多种颜色。

分布 广泛分布于印度 - 太平洋珊瑚礁区，在南沙为常见种，生活于珊瑚礁多种环境。

1. 团块状的珊瑚群体
2. 横截面大而圆的珊瑚杯

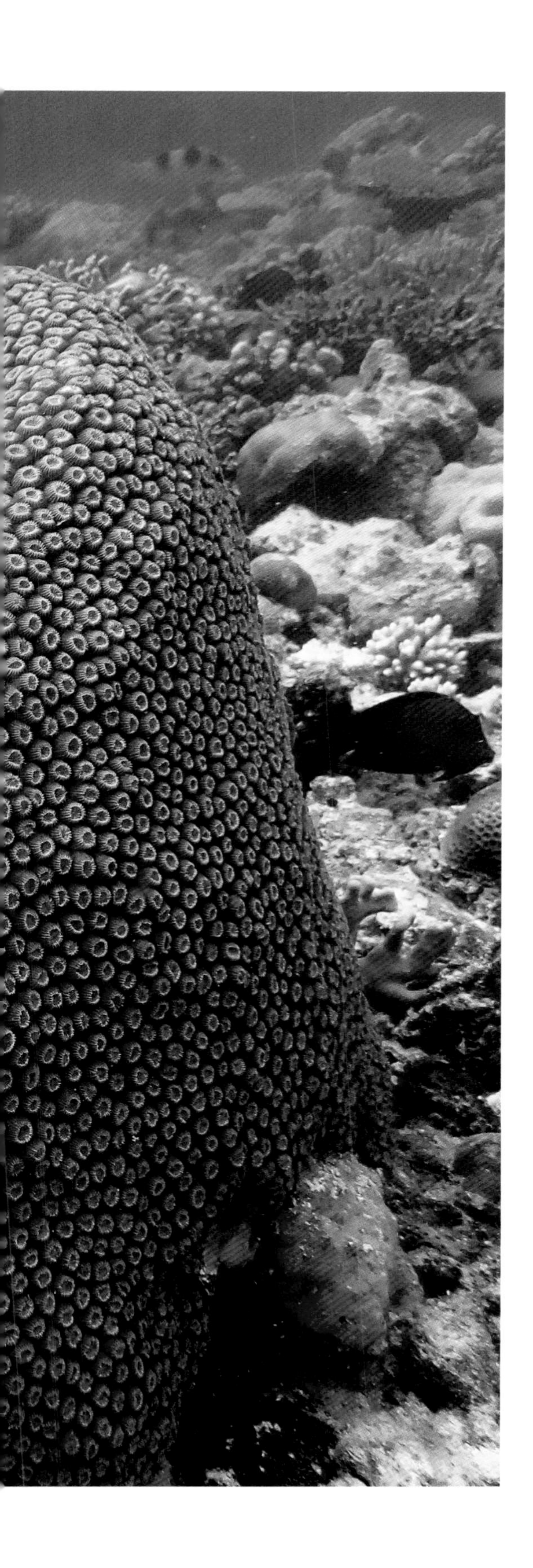

同双星珊瑚 *Diploastrea heliopora*

特征 群体常为团块状或大的半球状。珊瑚杯小且矮，呈截顶的圆锥状，周围壁厚，形态一致；隔片内缘薄，外缘膨大。生活群体常为灰色或褐色。

分布 广泛分布于印度－太平洋珊瑚礁区，在南沙为常见种，生活于珊瑚礁多种环境。

1. 团块状的珊瑚群体
2. 圆锥状的珊瑚杯
3. 珊瑚骨骼

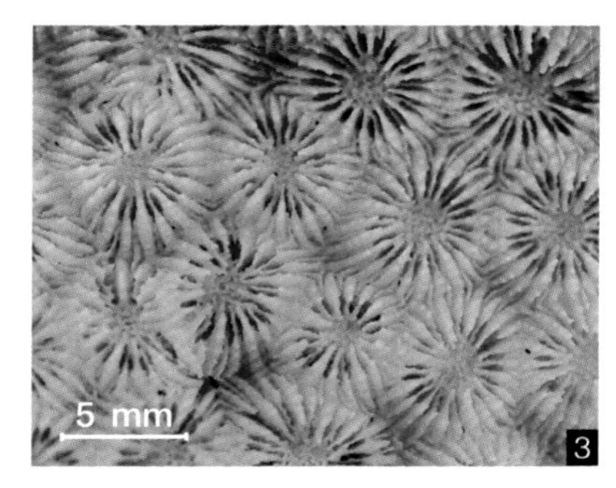

横小星珊瑚 *Leptastrea transversa*

特征 群体常为团块状或皮壳状。珊瑚杯为多角形，大小较一致；隔片在近轴柱处陡降，边缘具细小齿突。生活群体常为绿色或褐色。

分布 广泛分布于印度 – 太平洋珊瑚礁区，在南沙为常见种，生活于珊瑚礁多种环境。

1. 横截面为多角形的珊瑚杯
2. 皮壳状的珊瑚群体

白斑小星珊瑚 *Leptastrea pruimosa*

特征　群体常为皮壳状。珊瑚杯横截面为多角形，大小不规则；隔片 3 轮，边缘和侧面颗粒多，珊瑚虫触手常在白天伸出。生活群体常为深褐色或绿色。

分布　广泛分布于印度 – 太平洋珊瑚礁区，在南沙为少见种，生活于珊瑚礁多种环境。

1. 不规则的珊瑚杯
2. 皮壳状的珊瑚群体

粗突小星珊瑚 *Leptastrea bottae*

特征 群体常为团块状或皮壳状，珊瑚杯为短柱状，具一定间隔，该特征明显；隔片 3 轮，初生隔片长且突出明显。生活群体常为褐色或奶油色。

分布 广泛分布于印度 – 太平洋珊瑚礁区，在南沙为少见种，一般生活于珊瑚礁浅水环境。

1. 短柱状的珊瑚杯
2. 团块状的珊瑚群体

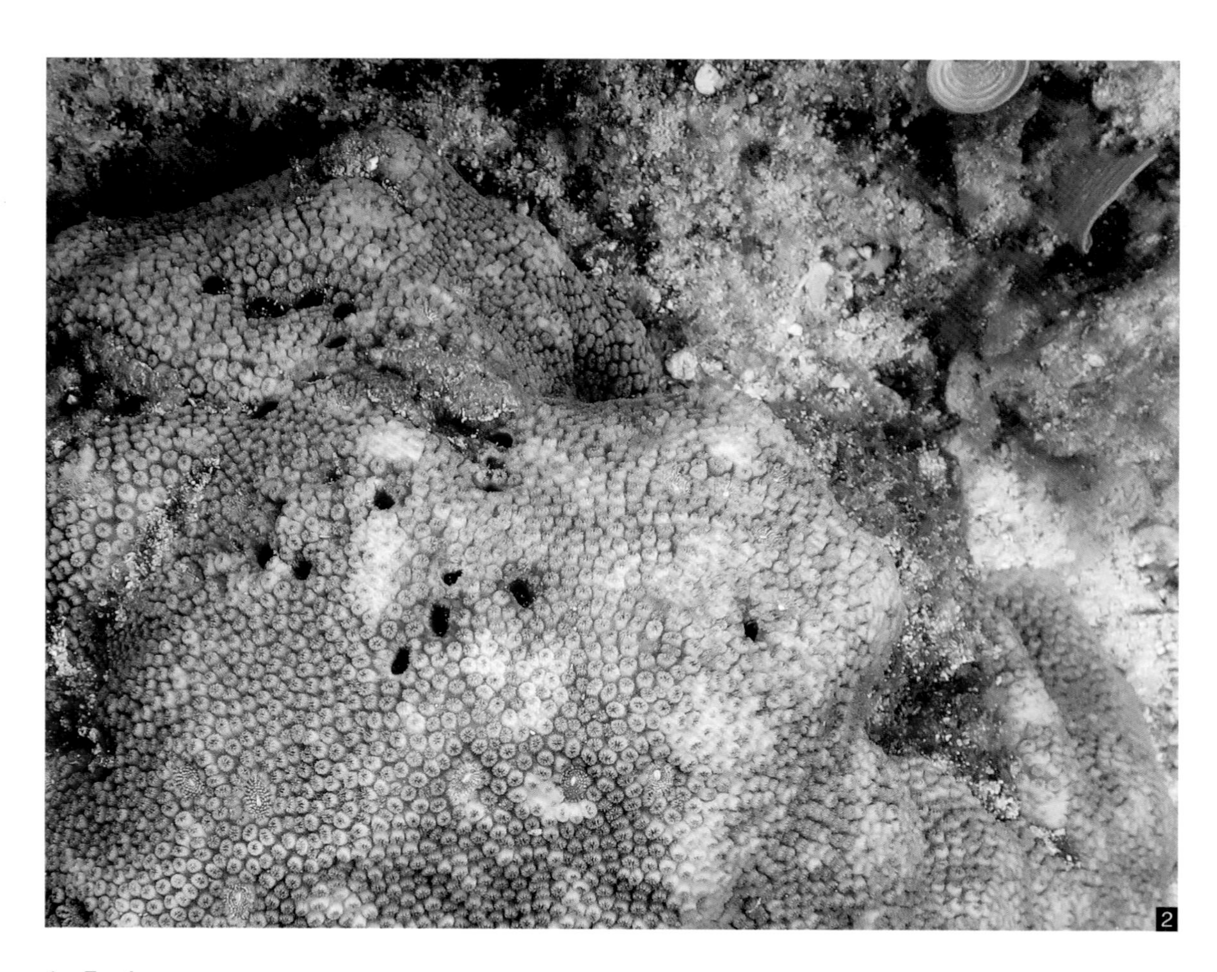

日本刺星珊瑚 *Cyphastrea japonica*

特征 群体常为团块状或皮壳状，群体表面不规则，珊瑚杯小且拥挤；隔片3轮，第一轮和第二轮隔片常难分辨，共骨上颗粒明显。颜色常为褐色或绿色。

分布 广泛分布于印度－太平洋珊瑚礁区，在南沙为常见种，常生活于珊瑚礁浅水环境。

1. 团块状的珊瑚群体
2. 珊瑚杯的细微结构

小叶刺星珊瑚 *Cyphastrea microphthalma*

特征　群体常为皮壳状。珊瑚杯为盘形，杯小；2轮隔片，排列相互对称，初生隔片一般为10个，明显突出，是该种区别于其他刺星珊瑚的重要特征。生活群体常为褐色或绿色。

分布　广泛分布于印度－太平洋珊瑚礁区，在南沙为常见种，生活于珊瑚礁多种环境。

1，2. 皮壳状的珊瑚群体
3. 珊瑚杯的细微结构

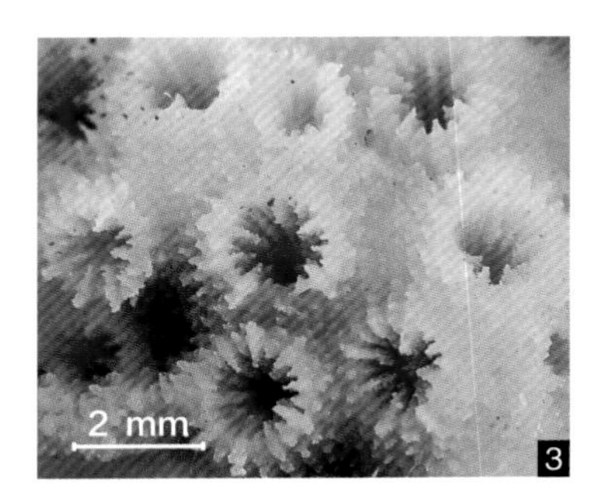

锯齿刺星珊瑚 *Cyphastrea serailia*

特征 群体常为团块状或皮壳状。珊瑚杯横截面为圆形，杯小但大小较一致，突出程度不等；2 轮隔片，每轮各 12 个，排列不均匀。生活群体常为褐色或黄色。

分布 广泛分布于印度－太平洋珊瑚礁区，在南沙为常见种，生活于珊瑚礁多种环境。

1，4. 皮壳状或团块状的珊瑚群体
2. 突出程度不等的珊瑚杯
3. 珊瑚骨骼

太平洋刺孔珊瑚 *Echinopora pacificus*

特征　群体常为皮壳状，边缘为叶状。珊瑚杯横截面为圆形，在该属中相对较大；隔片－珊瑚肋两轮，第二轮发育不良，隔片上齿明显突出。生活群体常为褐色或绿色。

分布　广泛分布于印度－太平洋珊瑚礁区，在南沙为少见种，一般生活于珊瑚礁浅水环境。

1. 皮壳状的珊瑚群体
2. 珊瑚杯的细微结构

薄片刺孔珊瑚 *Echinopora lamellosa*

特征 群体常为叶片状，常呈螺旋或层叠排列。珊瑚杯为圆柱形或圆锥形，高度不一，排列均匀，珊瑚杯周边的壁薄，开口直径为 2.5~4 mm，篱片明显。生活群体常为褐色或绿色。

分布 广泛分布于印度 – 太平洋珊瑚礁区，在南沙为常见种，常生活于海流较缓的珊瑚礁礁坡环境中。

相似种 与宝石刺孔珊瑚较相似，但宝石刺孔珊瑚的珊瑚杯较大。

1. 珊瑚骨骼
2. 叶状的珊瑚群体

宝石刺孔珊瑚*Echinopora gemmacea*

特征 群体常为叶片状，表面有时有柱状分枝。珊瑚杯为圆柱形或圆锥形，排列紧密但较不规则，开口直径为 3.5~5 mm，通常位于群体边缘的珊瑚杯较小，篱片不明显。生活群体常为褐色或绿色。

分布 广泛分布于印度 – 太平洋珊瑚礁区，在南沙为常见种，常生活于海流较缓的珊瑚礁浅水环境。

1. 叶片状的珊瑚群体
2. 珊瑚骨骼

丑刺孔珊瑚 *Echinopora horrida*

特征 群体常分枝，呈丛状，形态上与该属其他种差别明显。珊瑚杯横截面常为圆形，珊瑚杯开口直径为 4~6 mm，杯壁厚，有 6 个厚的初生隔片。生活群体常为褐色。

分布 广泛分布于印度 - 太平洋珊瑚礁区，在南沙为少见种，一般生活于海流较缓的珊瑚礁浅水环境或潟湖环境。

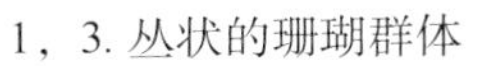
1，3. 丛状的珊瑚群体

2. 群体表面细微结构

Echinopora mammiformis

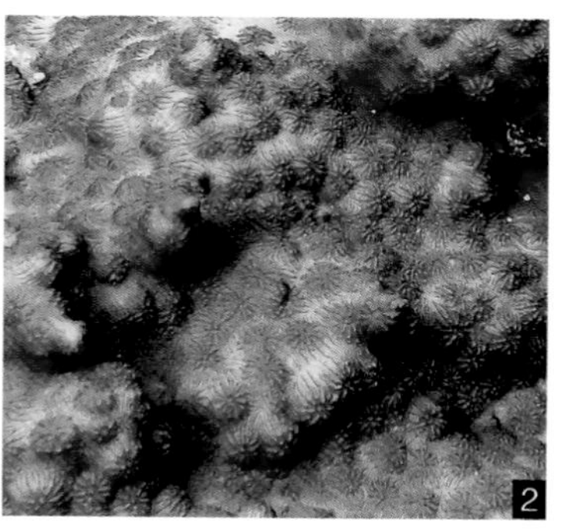

特征 群体常皮壳状，边缘薄片状明显。珊瑚杯横截面常为圆形，开口直径为 7~10 mm，肋片光滑。生活群体常为褐色。

分布 广泛分布于印度 – 太平洋珊瑚礁区，在南沙为少见种，一般生活于珊瑚礁浅水环境或潟湖环境。

1. 皮壳状的珊瑚群体
2. 群体表面细微结构
3. 横截面为圆形的珊瑚杯

14 滨珊瑚科 Poritidae

滨珊瑚科的珊瑚均为群体生活类型，珊瑚群体生长型以团块状居多，少数为分枝状。珊瑚体小，共骨很少或无，珊瑚壁上多孔。常见的珊瑚属有滨珊瑚属 *Porites*、角孔珊瑚属 *Goniopora* 等。

团块滨珊瑚 *Porites lobata*

特征 群体为团块状、半球状或钟形，大的群体直径可达数米，群体表面常光滑，也能形成丘状或柱状突起。生活群体常为褐色、绿色、蓝色或棕色。

分布 广泛分布于印度–太平洋珊瑚礁区，在南沙为常见种，常生活于珊瑚礁浅水环境。

分布 与澄黄滨珊瑚较为相似，但澄黄滨珊瑚有5个辐片。

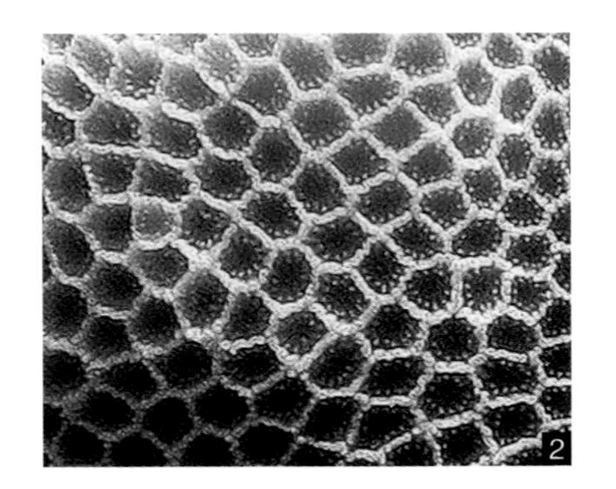

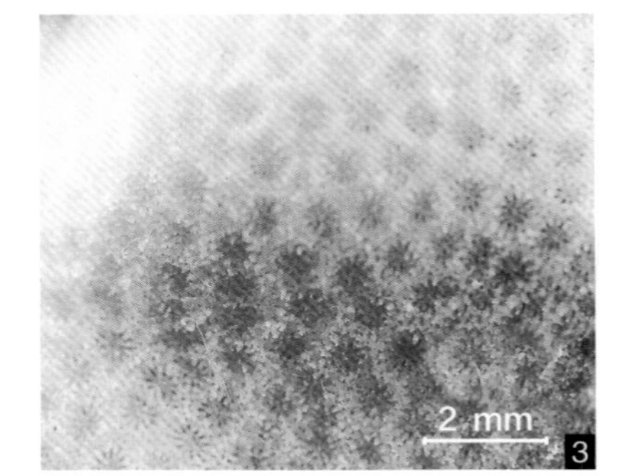

1. 团块状的珊瑚群体
2. 珊瑚杯细微结构
3. 珊瑚骨骼

澄黄滨珊瑚 *Porites lutea*

特征 群体为团块状、半球状或钟形，大的群体直径可达数米，群体表面常有不规则的块状突起。珊瑚孔平整而无凹陷，其上常有大旋鳃虫和蛎螺等动物栖居。生活群体常为褐色或奶油色。

分布 广泛分布于印度－太平洋珊瑚礁区，在南沙为常见种，生活于珊瑚礁多种环境，尤其在波浪较强劲的外礁坡环境最为常见。

1，4. 团块状和钟形的珊瑚群体
2. 珊瑚杯细微结构
3. 珊瑚骨骼

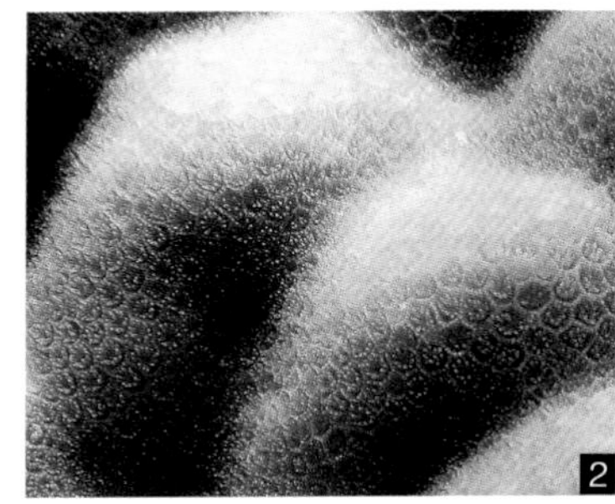

1

地衣滨珊瑚 *Porites lichen*

特征 群体为叶片状、厚板状或团块状等多种形态，表面均有不同程度的突起。珊瑚孔排列不规则，隔片形态不规则。生活群体常为黄绿色或棕色。

分布 广泛分布于印度－太平洋珊瑚礁区，在南沙为少见种，可在多种珊瑚礁环境中生长。

2

1. 叶状的珊瑚群体
2. 群体表面细微结构

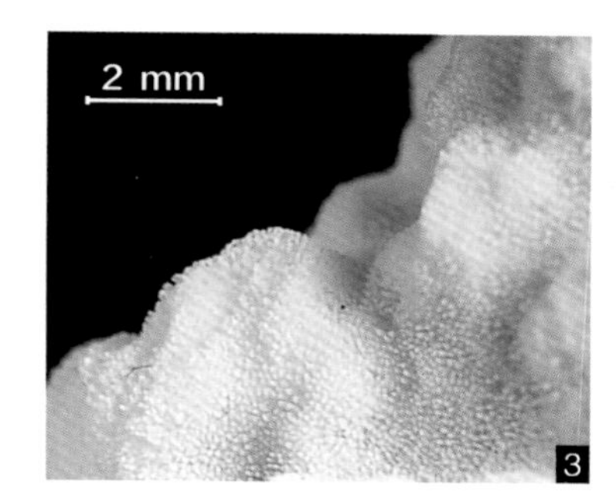

火焰滨珊瑚 *Porites rus*

特征 群体呈皮壳状或团块状等多种形态，大群体为板叶状基部及基部发育突起后形成的柱状分枝构成。珊瑚杯直径极小，杯间共骨常形成网状隆起。生活群体常为米色、蓝色或褐色。

分布 广泛分布于印度－太平洋珊瑚礁区，在南沙为常见种，一般生活于珊瑚礁多种环境。

1. 皮壳状的珊瑚群体
2. 珊瑚细微结构
3. 珊瑚骨骼
4. 大型珊瑚群体

疣粒滨珊瑚 *Porites tuberculosa*

特征 群体为粗壮的短分枝状。珊瑚杯稍凹陷，由共骨边缘连接。生活群体常为灰色或绿色。

分布 广泛分布于印度－太平洋珊瑚礁区，在南沙为少见种，一般生活于隐蔽的珊瑚礁浅水环境。

1. 粗壮的短分枝状珊瑚群体
2. 珊瑚杯细微结构

细柱滨珊瑚 *Porites cylindrica*

特征 群体表面光滑且呈分枝状，分枝的横截面呈椭圆或圆形，枝顶端较钝或呈锥状。珊瑚杯几乎不凹陷。生活群体常为米黄色或绿色。

分布 广泛分布于印度－太平洋珊瑚礁区，在南沙为常见种，多生活于潟湖或隐蔽的珊瑚礁环境。

相似种 与灰黑滨珊瑚较为相似，但灰黑滨珊瑚的分枝相对细短，且珊瑚孔凹陷相对该种较深。

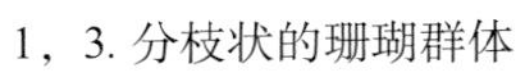

1，3. 分枝状的珊瑚群体

2. 钝状的珊瑚分枝顶端

灰黑滨珊瑚 *Porites nigrescens*

特征　群体为分枝状，分枝呈圆柱形，枝顶端尖细或呈钝形，分枝常呈锐角且相互交错排列。珊瑚杯略凹入。生活群体常为棕色。

分布　广泛分布于印度－太平洋珊瑚礁区，在南沙为少见种，一般生活于潟湖或隐蔽的珊瑚礁环境。

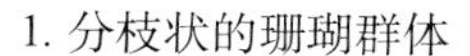

1. 分枝状的珊瑚群体
2. 群体表面细微结构

高穴孔珊瑚 *Alveopora excelsa*

特征 群体为团块状或皮壳状，多孔。珊瑚杯略圆，壁薄，大小差别较大，触手日间常收缩。颜色常为灰色或粉棕色。

分布 广泛分布于印度－太平洋珊瑚礁区，在南沙为少见种，一般生活于礁坡环境。

1. 团块状的珊瑚群体

参考文献

[1] 戴风昌，洪圣雯．2009. 台湾珊瑚图鉴 [M]. 台北：猫头鹰出版社．

[2] 黄晖．2018. 西沙群岛珊瑚礁生物图册 [M]. 北京：科学出版社．

[3] 邹仁林．2001. 中国动物志腔肠动物门珊瑚虫纲石珊瑚目造礁石珊瑚 [M]. 北京：科学出版社．

[4] Veron J E N. 2000. Corals of the world[M]. Queensland: Australian Institute of Marine Science.

中文名索引

Z

学名索引

T

致谢 Acknowledge

本书得到南海环境监测中心全体同事和相关单位同行专家的大力帮助与支持，在此对提供帮助和建议的每一位同志表示由衷的感谢！

本书的出版积淀了许多人的心血，有很多人需要特别感谢。感谢南海环境监测中心对珊瑚礁资源调查工作的正确规划和组织管理，为我们搭建一个优秀、公正和包容的工作平台；感谢全体同事在项目调查备航、后勤保障、测试分析等方面所做出的贡献；感谢专业潜水教练李长明、王举德、陆方珍、汪沛、李德义、何书玮等在潜水技能和水下照片拍摄方面提供的帮助；感谢南海环境监测中心同事岑子健、李冠杰等在现场调查、影像分析、图书编辑等方面工作所做出的贡献！